力学、热学部分随堂演示实验

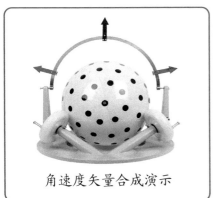

角速度矢量合成演示

质心运动演示

两用
陀螺进动演示

转动定律演示

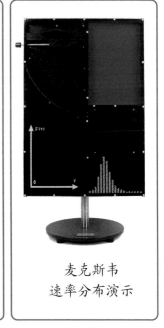

麦克斯韦
速率分布演示

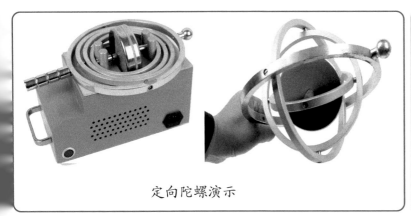

定向陀螺演示

斯特林热机演示

电磁学部分随堂演示实验

韦氏起电机、静电跳球演示

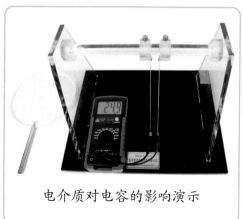

电介质对电容的影响演示

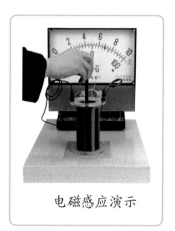

电磁感应演示

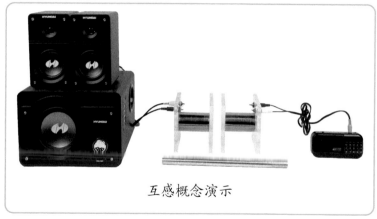

互感概念演示

涡流热效应演示

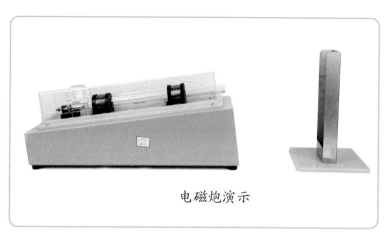

电磁炮演示

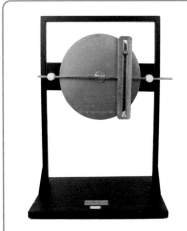

简谐振动与圆周运动
的等效性演示

共振小娃演示

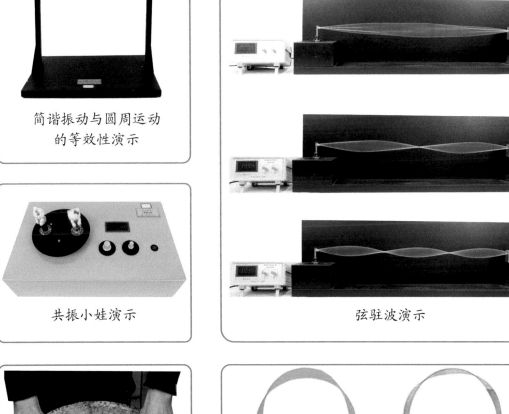

弦驻波演示

鱼洗演示

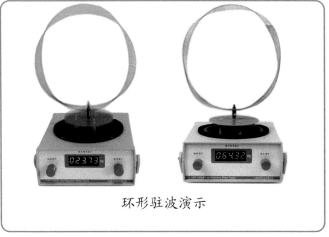

环形驻波演示

光学、近代物理部分随堂演示实验

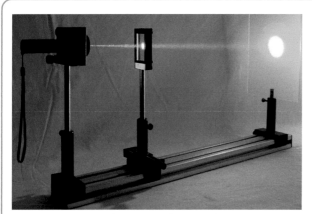

绿激光干涉衍射综合演示

双缝干涉

单孔衍射

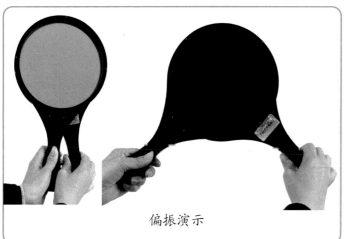

偏振演示

一维光栅演示

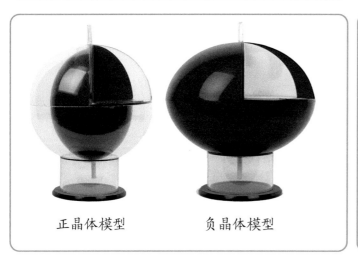

正晶体模型　　　　　负晶体模型

黑体辐射与吸收演示

大学物理教学演示实验

主　编　杨　华
副主编　陈文博　宋冬灵　郭东琴　苗劲松

科学出版社

北　京

内 容 简 介

本书依据教育部高等学校物理学与天文学教学指导委员会编制的《理工科类大学物理课程教学基本要求》和军队院校大学物理教学对演示实验的相关要求,结合教学实际编写而成. 全书涵盖了力学、热学、电磁学、振动与波、光学和近代物理部分适用于课堂教学的 118 个演示实验,附录中给出了演示实验与教学知识点的对应表. 全书从适应课堂教学的角度组织编写,便于教师教学的灵活运用和学生对相关知识点的理解.

本书可作为大学物理教学的配套用书,也可作为学生自学的参考书.

图书在版编目(CIP)数据

大学物理教学演示实验 / 杨华主编. — 北京:科学出版社,2022.3
ISBN 978-7-03-071887-7

Ⅰ. ①大… Ⅱ. ①杨… Ⅲ. ①物理学—实验—高等学校—教材 Ⅳ. ①O4-33

中国版本图书馆 CIP 数据核字(2022)第 043330 号

责任编辑:罗 吉 郭学雯 / 责任校对:杨聪敏
责任印制:张 伟 / 封面设计:蓝正设计

科 学 出 版 社 出版
北京东黄城根北街 16 号
邮政编码:100717
http://www.sciencep.com
北京捷迅佳彩印刷有限公司 印刷
科学出版社发行 各地新华书店经销
*
2022 年 3 月第 一 版 开本:720×1000 1/16
2024 年 1 月第二次印刷 印张:11 1/4 彩插:2
字数:227 000

定价:39.00 元
(如有印装质量问题,我社负责调换)

前　　言

　　物理学是研究物质的基本结构、基本运动形式、相互作用及其转化规律的自然科学. 物理实验是物理学发展的不竭动力，物理学中每个概念的建立、每个定律的发现都有着坚实的实验支撑. 以物理学基础为内容的大学物理课程是通识教育不可或缺的基础课程. 将演示实验引入大学物理课堂教学，通过对物理现象的观察，对实验过程的研讨和对物理规律的探索，不仅能够加深学生对物理学知识的理解，极大地激发学生的学习兴趣，而且有助于学生探索精神、科学思维能力和创新能力的培养，也是对学生进行物理思想、方法和文化熏陶的有效手段.

　　大学物理教学演示实验不同于大学物理实验课教学，它是大学物理课堂教学的重要组成部分. 作为一种基本教学形式，其在展示物理现象、引出物理概念、介绍物理规律方面有着其他教学方式不可替代的作用，因此，这种教学形式受到广泛重视. 编者依据《理工科类大学物理课程教学基本要求》和军队院校大学物理教学对演示实验的相关要求，参考以往演示实验教材，结合实验教学发展，组织编写了本书. 本书可以作为大学物理教材的配套用书，为大学物理课堂教学提供有力支撑. 书中包含了与大学物理知识点密切相关的41个随堂演示实验和40个演示室实验，每个演示实验都包括实验目的、实验装置、实验原理、操作与效果、注意事项等五部分，其中随堂演示部分的每个实验给出了思考题，以供课堂互动时参考. 此外，书中编写了37个模拟仿真实验，该部分重点讲述了实验目的、仿真仪器、实验原理、实验内容等. 附录给出了所有演示实验与各知识点的对应表，希望通过本书的学习和实验演示达到启迪思维、激发兴趣和培养创新能力的作用.

　　本书是在多年讲义的基础上经多次修改补充完成的. 杨华组织了本书的编写并负责统稿，苗劲松和杨华编写了力学和近代物理部分的文稿，陈文博编写了光学部分的文稿并制作了全书的实验装置图，宋冬灵编写了电磁学部分的文稿，郭东琴编写了振动与波和热学部分的文稿；演示室实验和模拟仿真实验部分的资料由吴天安、张胜海、张晓旭等收集提供，编者进行了整理修改. 信息工程大学物理教研室的相关教员试用了本书的初稿并提供了宝贵的意见. 此外，编者在编写过程中使用了部分仪器生产厂家的资料，参阅和借鉴了不少学者的教学科研成果，对此深表谢意！

在大学物理演示实验的持续完善过程中，我们也会根据教学的现实需求及时丰富和完善本书，希望在不断深化的教学改革中发挥应有的作用.

由于编者水平有限，疏漏之处在所难免，欢迎各位老师和同学们提出宝贵意见.

编　者

2021 年 8 月

目　　录

第1章　力学 ·· 1

　1.1　随堂演示实验 ··· 1

　　实验1　角速度矢量合成 ··· 1

　　实验2　旋珠式科里奥利力 ··· 3

　　实验3　质心运动 ··· 4

　　实验4　转动定律 ··· 6

　　实验5　旋飞球角动量守恒 ··· 8

　　实验6　直升机角动量守恒 ··· 9

　　实验7　定向陀螺 ··· 11

　　实验8　两用陀螺进动 ··· 12

　1.2　演示室实验 ··· 14

　　实验9　碰撞打靶 ··· 14

　　实验10　转盘式科里奥利力 ··· 16

　　实验11　傅科摆 ··· 17

　　实验12　锥体上滚 ··· 18

　　实验13　麦克斯韦滚摆 ··· 19

　　实验14　茹科夫斯基凳 ··· 20

　　实验15　车轮进动 ··· 21

　　实验16　机翼压差 ··· 22

　　实验17　伯努利悬浮球 ··· 23

　1.3　模拟仿真实验 ··· 24

　　实验18　碰撞和守恒定律 ··· 24

　　实验19　刚体的转动惯量 ··· 25

第2章　热学 ··· 27

　2.1　随堂演示实验 ··· 27

　　实验1　麦克斯韦速率分布律 ··· 27

　　实验2　斯特林热机 ··· 29

　2.2　演示室实验 ··· 31

　　实验3　空气黏滞力 ··· 31

实验 4 伽尔顿板 ……………………………………………… 32

2.3 模拟仿真实验 …………………………………………………… 33

实验 5 空气密度的测量 ……………………………………… 33

实验 6 空气比热容的测量 …………………………………… 34

实验 7 良导体热导率的动态测量 …………………………… 35

第 3 章 电磁学 ………………………………………………………… 37

3.1 随堂演示实验 …………………………………………………… 37

实验 1 韦氏起电机 …………………………………………… 37

实验 2 静电跳球 ……………………………………………… 39

实验 3 电风吹烛 ……………………………………………… 40

实验 4 电介质对电容的影响 ………………………………… 42

实验 5 圆电流轴线上的磁场模型 …………………………… 44

实验 6 动态磁滞回线 ………………………………………… 45

实验 7 超导磁悬浮列车 ……………………………………… 48

实验 8 电磁感应现象 ………………………………………… 50

实验 9 涡流管 ………………………………………………… 52

实验 10 涡流热效应 …………………………………………… 53

实验 11 互感现象 ……………………………………………… 55

实验 12 电磁炮 ………………………………………………… 56

实验 13 磁铁对通电直导线的作用力 ………………………… 57

3.2 演示室实验 ……………………………………………………… 59

实验 14 范氏起电机 …………………………………………… 59

实验 15 手触电池 ……………………………………………… 60

实验 16 辉光球 ………………………………………………… 61

实验 17 避雷针 ………………………………………………… 62

实验 18 电风轮 ………………………………………………… 63

实验 19 静电滚筒 ……………………………………………… 64

实验 20 静电除尘 ……………………………………………… 65

实验 21 雅各布天梯 …………………………………………… 66

实验 22 法拉第笼 ……………………………………………… 67

实验 23 电磁阻尼摆 …………………………………………… 68

实验 24 脚踏发电机 …………………………………………… 69

实验 25 能量转换轮 …………………………………………… 70

3.3 模拟仿真实验 …………………………………………………… 71

实验 26 示波器 ·· 71

实验 27 变电场测介电常量 ·· 72

实验 28 螺线管磁场的测量 ·· 73

实验 29 电子自旋共振及地磁场测量 ··· 74

实验 30 电子荷质比的测量 ·· 75

实验 31 霍尔效应 ·· 77

实验 32 动态测量磁滞回线 ·· 77

实验 33 交流谐振电路特性研究 ··· 78

实验 34 *RC* 电路实验 ·· 79

实验 35 整流电路 ·· 80

第 4 章 振动与波 ··· 82

4.1 随堂演示实验 ··· 82

实验 1 简谐振动与圆周运动的等效性 ··· 82

实验 2 电信号拍现象声光演示 ··· 84

实验 3 音叉 ·· 87

实验 4 共振小娃 ·· 88

实验 5 激光李萨如图形 ·· 90

实验 6 弦驻波 ·· 92

实验 7 环形驻波 ·· 94

实验 8 鱼洗 ·· 96

4.2 演示室实验 ··· 97

实验 9 超声雾化 ·· 97

4.3 模拟仿真实验 ··· 98

实验 10 单摆测量重力加速度 ·· 98

实验 11 凯特摆测量重力加速度 ··· 99

实验 12 受迫振动 ·· 101

实验 13 超声波声速的测量 ·· 102

第 5 章 光学 ··· 104

5.1 随堂演示实验 ··· 104

实验 1 激光干涉 ·· 104

实验 2 牛顿环 ·· 106

实验 3 绿激光衍射 ·· 108

实验 4 一维光栅 ·· 109

实验 5 手持式大偏振片 ·· 111

　　　　实验 6　反射起偏与检偏 ··· 112

　　　　实验 7　双折射 ··· 114

　　　　实验 8　正负晶体模型 ·· 116

　　5.2　演示室实验 ··· 118

　　　　实验 9　几何光学综合演示 ·· 118

　　　　实验 10　窥视无穷 ··· 119

　　　　实验 11　悬空的奥妙 ·· 121

　　　　实验 12　同自己握手 ·· 121

　　　　实验 13　导光水柱 ··· 122

　　　　实验 14　光岛 ··· 123

　　　　实验 15　菲涅耳透镜 ·· 124

　　　　实验 16　光栅光谱 ··· 125

　　　　实验 17　光栅立体画 ·· 127

　　　　实验 18　偏振光现象 ·· 128

　　　　实验 19　3D 电影 ·· 129

　　　　实验 20　旋光色散 ··· 130

　　　　实验 21　旋转字幕球 ·· 131

　　　　实验 22　神奇的普氏摆 ·· 132

　　　　实验 23　倒转的车轮 ··· 133

　　5.3　模拟仿真实验 ··· 134

　　　　实验 24　干涉法测量微小量 ·· 134

　　　　实验 25　牛顿环法测量曲率半径 ·· 135

　　　　实验 26　迈克耳孙干涉仪 ·· 136

　　　　实验 27　超声光栅 ··· 138

　　　　实验 28　光的偏振现象 ·· 139

　　　　实验 29　分光计 ··· 140

　　　　实验 30　组合透镜参数测量与自组显微镜 ···································· 141

　　　　实验 31　光学设计实验 ·· 142

第 6 章　近代物理 ·· 145

　　6.1　随堂演示实验 ··· 145

　　　　实验 1　黑体模型 ·· 145

　　　　实验 2　黑体辐射与吸收 ·· 146

　　6.2　演示室实验 ··· 148

　　　　实验 3　GPS 全球定位系统 ··· 148

6.3　模拟仿真实验 ·· 150

　　实验 4　光强调制法测量光速 ································ 150

　　实验 5　光电效应 ·· 151

　　实验 6　氢氘光谱拍摄 ·· 152

　　实验 7　钠原子光谱拍摄 ······································ 153

　　实验 8　γ能谱测量 ·· 155

　　实验 9　弗兰克-赫兹实验 ···································· 156

　　实验 10　塞曼效应 ··· 157

　　实验 11　透射电子显微镜 ····································· 159

　　实验 12　扫描隧道显微镜 ····································· 161

　　实验 13　核磁共振 ··· 162

附录 ·· 164

第**1**章

力　学

1.1　随堂演示实验

实验 1　角速度矢量合成

【实验目的】

根据矢量合成法则，本实验定性演示角速度的矢量特性，其合成角速度与两个分角速度矢量间遵守矢量合成的平行四边形定则.

【实验装置】

实验装置如图 1.1.1 所示.

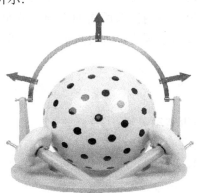

图 1.1.1　角速度矢量合成演示仪

【实验原理】

角位移$\Delta\theta$与时间Δt之比，称为在Δt这段时间内质点的平均角速度，大小为

$$\bar{\omega} = \frac{\Delta\theta}{\Delta t}$$

当 Δt 趋于零时，上式的极限就是角位置对时间的变化率，称为质点的瞬时角速度，简称角速度，其大小为

$$\omega = \lim_{\Delta t \to 0} \frac{\Delta\theta}{\Delta t} = \frac{\mathrm{d}\theta}{\mathrm{d}t}$$

瞬时角速度和线速度一样，也是矢量，本实验定性地展示了角速度的矢量性. 若球体参与两个不同方向的转动，一个方向转动的角速度矢量是 ω_1，另一个方向转动的角速度矢量是 ω_2，则刚体合成转动的角速度矢量 ω 等于两个角速度矢量 ω_1 和 ω_2 之矢量和，其遵守平行四边形定则.

【操作与效果】

(1)转动左手轮，使球体沿一确定的转轴匀速转动，观察者可以看到球上的黑点描绘出一簇圆弧线，这些圆弧线位于与确定方向相垂直的平面上，这个确定方向就是角速度矢量的方向. 依照这些圆弧线转动方向按右手螺旋定则旋进的方向就是分角速度矢量 ω_1 的方向. 转动半圆弧标尺并沿弧移动箭头，使其箭头指示 ω_1 的方向.

(2)按(1)中所述的操作步骤，摇动右手轮，移动箭头标出分角速度矢量 ω_2 的方向.

(3)用左右两手分别以上述(1)、(2)所述速度同时摇动两个手轮，使球体同时参与两个确定的转动方向的转动，使分角速度矢量沿 ω_1 和 ω_2 两个方向，标出此时角速度 ω 的方向，发现它们满足矢量合成的平行四边形定则 $\omega = \omega_1 + \omega_2$.

实验发现，当摇动的两个手轮转速相同时，即二分角速度矢量的大小相等时，圆点所描绘出的一簇圆点位于与两箭头所指的方向的分角线方向相垂直的平面上，且依此圆点转动方向得到按右手螺旋定则旋进的方向，即分角线的方向，就是合角速度矢量 ω 的方向.

【注意事项】

(1)实验前检查球体是否转动灵活；

(2)三个箭头标注角速度的方向时，定位尽量准确；

(3)进行操作与效果(3)实验时，应该注意两个手轮的角速度和操作与效果(1)、(2)保持一致；

(4)为了避免实验误差太大，实验时应尽量保持匀速转动.

【思考题】

(1)讨论质点圆周运动速度矢量和角速度矢量之间的关系.

(2)实验时,如何保证左右手轮匀速转动,且转速相同?

(3)本实验定性演示了角速度矢量的合成,如何改进仪器和实验方法,定量演示角速度矢量的合成?

实验 2 旋珠式科里奥利力

【实验目的】

在转动的非惯性系中运动的物体,会受到两个惯性力的作用,一个是惯性离心力,另一个是科里奥利力.本实验定性演示旋转的珠子在转动参考系中的运动,展示科里奥利力的存在,了解科里奥利力的产生及其规律.

【实验装置】

实验装置如图 1.1.2 所示,其演示效果见图 1.1.3.

图 1.1.2 旋珠式科里奥利力演示仪

图 1.1.3 演示效果图

【实验原理】

根据牛顿力学理论,在转动的参考系中运动的物体,所受的惯性离心力沿着径向向外;科里奥利力则垂直于速度的方向,给物体一个侧向的作用.科里奥利力和惯性离心力一样,是将牛顿第二定律应用于非惯性系而引入的修正项,均无施力者.但在转动参考系中,这类力是可以感受到、观察到的.同时,科里奥利力垂直于质点相对于非惯性系的速度,因此,它不断改变 v 的方向,但不改变 v 的大小,因此科里奥利力不做功.

科里奥利力的计算公式为

$$F = 2mv \times \omega$$

式中 F 为科里奥利力,m 为质点的质量,v 为质点相对于转动参考系的运动速度,ω 为转动参考系相对于惯性参考系的角速度.

【操作与效果】

(1)保持水平圆盘底座不动,给竖直转盘一个初始角速度使它快速转动起来,观察到所有小珠子也在竖直平面内转动起来,形成一个竖直的圆形平面.

(2)俯视,顺时针方向旋转水平圆盘底座,上半圈的珠子和下半圈的珠子受到的科里奥利力方向相反,使原来竖直的圆形平面向不同方向倾斜.

(3)俯视,再逆时针方向旋转水平圆盘底座,可看到圆形平面和刚才的倾斜方向正好相反.

(4)反复转动水平圆盘底座,观察旋珠平面的倾斜情况,验证 $F = 2mv \times \omega$.

值得注意的是,本实验中,竖直圆盘转动时,上半圈的珠子和下半圈的珠子运动速度 v 方向相反,所受科里奥利力的方向也相反,加之每个珠子的水平分力大小不同且连续变化,故所受科里奥利力的大小也连续变化,使整个旋珠平面动态倾斜,而且运动到最上端的珠子和运动到最下端的珠子偏离原来竖直平面程度最大.

【注意事项】

(1)给竖直圆盘的初始角速度尽量大些,使所有小珠子都在竖直平面内转动起来,形成完全张开的平面,这样,珠子的受力情况才足够明显;

(2)角速度矢量的方向依转动方向按照右手螺旋定则确定.

【思考题】

(1)乘坐汽车拐弯时,我们能感受到一个被抛向弯道外侧的"力",请问这个力是什么力?

(2)当珠子运动到最上面或者最下面时,受到的科里奥利力是否最大,为什么?

(3)在北半球,若河水由南向北流动,则东岸受到的冲刷较为严重,试用科里奥利力进行解释并讨论在南半球的情况.

实验3　质心运动

【实验目的】

演示刚体受到大小和方向均相等而作用点不同的外力冲击后,其运动状态虽然不同,但其质心的运动相同的现象,加深对质心运动定理的理解.

【实验装置】

实验装置如图 1.1.4 所示.

图 1.1.4 质心运动演示仪

【实验原理】

质点系的质心就是平均意义上质量分布的中心，研究质心的运动有助于理解质点系整体的宏观运动. 对于密度均匀、形状对称分布的物体，其质心就是物体的对称中心. 如图 1.1.4 所示，考虑由一刚性轻杆相连的两质点组成的系统，当我们将它斜向抛出时，它在空间的运动很复杂，但两质点连线上某点却做抛物线运动，该点的运动规律就像质量全部集中在该点，全部外力也像作用在该点一样. 这个特殊点就是该系统的质心，质心的位矢随坐标系的选取而变化，但对一个大小、形状不变的质点系而言，质心与各质点间的相对位置是固定的.

对于一个由 n 个质点组成的质点系，如果用 m_i 和 r_i 表示系统中第 i 个质点的质量和位矢，M 表示质点系的总质量，则质心的位矢 r_C 为

$$r_C = \frac{1}{M} \sum_{i=1}^{n} m_i r_i$$

系统的总质量和质心加速度的乘积等于质点系所受外力的矢量和，这称为质心运动定理. 即不论系统如何复杂，系统质心的行为与一个质量等于系统总质量的质点相同. 从这个意义上讲，牛顿运动定律不仅适用于质点，也适用于质点系，我们能用牛顿运动定律处理一般物体的平动问题，也就是基于这样一个基本的定理.

质心运动定理还表明，质点系的内力不影响质心运动. 如果作用在质点系上的合外力为零，那么不管质点系内部各个质点的运动如何复杂，质心仍保持静止或匀速直线运动状态不变，系统的总动量也保持守恒.

刚体质心的运动取决于所受的合外力，若外力不为零，而外力对质心的力矩为零，则刚体无转动，仅有平动；若外力不为零，且外力对质心的力矩也不为零，则刚体的运动是质心运动和绕质心转动的叠加.

【操作与效果】

(1)将打击棒压下，用卡扣扣住. 把哑铃放在支架上，并使哑铃的质心恰好处在打击棒的正上方. 释放卡扣，可看到哑铃被垂直地打起来，哑铃始终平行运动，可观察到其质心的运动轨迹为竖直的直线.

（2）重复（1）的操作，但使哑铃的质心偏离打击棒的正上方．可看到哑铃飞起后，质心的运动轨迹仍为竖直的直线，但是哑铃同时参与绕质心的转动．

（3）重复上述操作，质心位于打击棒的上方左、右不同位置，哑铃转动的方向也不同，但是质心的运动轨迹不变．

【注意事项】

（1）打击棒应限制在竖直面内运动，打击棒转轴支架与哑铃支架的高度应保证使打击棒的上沿水平位置与哑铃接触良好，从而使打击哑铃的力是垂直向上的；

（2）打击力必须是短促而强劲的冲击力，否则，打击过程较为缓慢，哑铃的一端先被抬起，在打击力和支架另一端的支持力的作用下，哑铃将抛向一侧，而质心不是竖直向上运动；

（3）谨防哑铃落下时打着人，可以在下落过程中用手接住，以免哑铃落地摔坏．

【思考题】

（1）质心位于打击棒的上方左、右不同位置，哑铃被抛起后，为什么转动的方向也不同？

（2）小球的质量不变，连接小球的杆太轻或者太重，对实验效果的影响有何不同？

实验 1 转动定律

【实验目的】

演示刚体质量分布与转动惯量的关系，以及相同外力矩作用下不同转动惯量刚体的运动规律，更好地理解刚体的定轴转动定律．

【实验装置】

实验装置如图 1.1.5 所示．

图 1.1.5 十字形转动定律演示仪

【实验原理】

刚体的定轴转动定律告诉我们，刚体定轴转动时，在合外力矩的作用下，刚体所受的对某定轴的合外力矩等于刚体对此定轴的转动惯量与刚体在此合外力矩作用下所获得的角加速度的乘积，刚体的定轴转动定律可表示为

$$M_z = J\beta$$

式中 M_z 表示对于某定轴的合外力矩，J 表示刚体绕给定轴的转动惯量，β 表示角加速度.

转动惯量 $J = \sum \Delta m_i r_i^2$，式中 Δm_i 表示各质元的质量，r_i 表示质元的转动半径，可以看出刚体的转动惯量 J 取决于刚体总质量、质量分布和转轴位置.

如图 1.1.6 所示，对于滑块、转盘和十字架组成的刚体系统，相对于通过 O 点垂直于纸面转轴的转动惯量为 J. 砝码的质量为 m，轻绳到转轴的垂直距离为 r. 根据刚体的定轴转动定律和牛顿运动定律，系统受到的合外力矩为

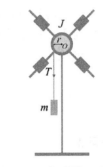

图 1.1.6　实验原理示意图

$$M_z = rT = \frac{J}{J + mr^2} rmg$$

其中 T 是轻绳的张力. 实验中可近似认为 $J \gg mr^2$，则系统受的合外力矩 $M_z \approx rmg$，近似为恒定外力矩.

【操作与效果】

(1)将可伸缩支架调节到适当高度并旋紧固定套.

(2)将十字架滑轴上的滑块都移动到最靠近转轴的位置，并将挂有砝码的绳子绕在转轴上的线槽内.

(3)释放砝码，让砝码在绳子的牵引下竖直下落，在某个确定时间观察十字架绕转轴的旋转速度，从而确定十字架的转动角加速度.

(4)将四个滑块移动到距离转轴较远的位置，且四个滑块与转轴等距，再次将挂砝码的绳子绕在转轴上的线槽内.

(5)释放砝码，让砝码在绳子的牵引下竖直下落，在某个确定时间(和(3)中的时间相同)观察十字架绕转轴的旋转速度，从而确定十字架的转动角加速度，并对比和滑块靠近转轴时的区别.

本实验定性验证了刚体的定轴转动定律：十字架上的滑块远离转轴时，转动惯量大，在砝码保持不变的情况下，力矩近似不变，则转动角加速度小.

【注意事项】

(1)实验时应保证四个滑块始终处于中心对称位置;

(2)砝码质量适中,中途不得更换.

【思考题】

(1)如何由转动速度确定转动的角加速度?

(2)如何用机械能守恒定律解释本实验中的现象?

(3)走钢丝的杂技演员,表演时为什么要拿一根长直杆?

实验 5　旋飞球角动量守恒

【实验目的】

演示刚体质量分布与转动惯量之间的关系;定性观察合外力矩为零的条件下角速度与转动惯量之间的关系,验证系统的角动量守恒定律.

【实验装置】

实验装置如图 1.1.7 所示.

图 1.1.7　旋飞球角动量守恒演示仪

【实验原理】

角动量守恒定律告诉我们,当系统所受合外力矩为零时,角动量 $L=J\omega$ 保持不变. 式中 ω 表示系统转动的角速度,J 表示系统的转动惯量.

转动惯量 $J=\sum\Delta m_i r_i^2$,式中 Δm_i 表示各质元的质量,r_i 表示质元的转动半径,

可以看出，刚体的转动惯量 J 取决于刚体的总质量、质量分布和转轴位置.

本实验中，小球到转轴距离的不同使得系统的转动惯量各不相同，距离越大，转动惯量就越大；距离越小，转动惯量越小. 根据角动量守恒定律，转动惯量越大，那么角速度就越小；转动惯量越小，那么角速度就会越大.

【操作与效果】

(1)拉开菱形支架两端的金属球，使其张开一定的角度. 顺时针或者逆时针拨动小球，使金属球及菱形支架旋转起来.

(2)一手按住底盘，另一手握住立杆上的小手柄用力向上提，使菱形支架两端的球向内收紧，观察飞球的转速变化.

(3)释放立杆上的手柄，使菱形支架两端的球的旋转半径重新增大，观察飞球的转速变化.

(4)多次重复，观察飞球的旋转速度变化.

本实验虽然由刚体的定轴转动来演示系统的角动量守恒，但是角动量守恒定律适用于任意质点系.

【注意事项】

(1)上提和释放小手柄时，动作越迅速，观察效果越明显；

(2)飞球旋转过程中注意不要碰到人或其他物品；

(3)底座很重，注意检查底座螺丝是否松动，以免掉下伤人.

【思考题】

(1)溜冰运动员、芭蕾舞演员、跳水运动员等可以通过改变自身的质量分布来改变转动惯量，从而调整自身的转动状态，试用角动量守恒定律具体分析一实例.

(2)如何将本实验改进成定量验证角动量守恒定律的实验，并给出改进方案呢？

实验 6　直升机角动量守恒

【实验目的】

演示直升机系统的主螺旋桨旋转导致机身反转的现象，以及尾翼对机身稳定的作用，加深对角动量守恒定律和角动量定理的理解.

【实验装置】

实验装置如图 1.1.8 所示.

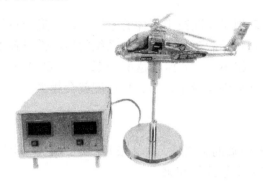

图 1.1.8　直升机角动量守恒演示仪

【实验原理】

角动量守恒定律告诉我们，当绕定轴转动的刚体受到对转轴的合外力矩 $M=0$ 时，系统的角动量 $L=J\omega=$ 常量，即系统的总角动量保持不变. 式中 ω 表示系统转动的角速度，J 表示系统的转动惯量.

如图 1.1.8 所示，直升机是一个由主螺旋桨和机身组成的二体系统，该系统可绕支撑轴在水平面内自由转动. 支撑轴的延长线通过系统的质心，因此，系统受到的对转轴的合外力矩为零，该系统对竖直轴的角动量应保持不变. 飞机静止时，系统总的角动量为零. 当主螺旋桨转动时，会产生一个沿轴方向的角动量，根据角动量守恒定律，系统的角动量必须保持为零，因此机身会沿相反的方向转动.

为了制止机身转动，就要开动尾翼螺旋桨，尾翼螺旋桨推动空气，产生一个作用力，其反作用力对转轴产生一力矩作用. 该力矩可以阻止机身的转动. 由于直升机的尾巴较长，力臂较大，因此尾翼螺旋桨只需要较小的功率即可平衡机身的转动.

【操作与效果】

(1)打开位于电源箱后方的电源开关.

(2)调节螺旋桨转速控制旋钮，观察到机身和螺旋桨沿着相反的方向旋转起来；加大(或减小)螺旋桨转速，机身的转速也将随之加大(或减小).

(3)调节尾翼转速控制旋钮(注意开关的方向与机身螺旋桨控制开关的方向一致)，尾翼螺旋桨旋转起来，机身转速变慢；适当调整尾翼转速，使机身停止转动.

(4)关闭尾翼螺旋桨，改变机身螺旋桨转速控制开关的方向，使之反转，机身旋转的方向也随之反向.

(5)再次调节尾翼螺旋桨转速控制按钮(注意其开关的方向也反向)，调整尾翼螺旋桨转速，直至机身不再旋转.

(6)实验结束，将速度调节旋钮逆时针旋至最小，关掉电源.

【注意事项】

(1)两个螺旋桨控制开关的方向一定要一致，否则不但不能使机身平衡，反而会使机身越转越快；

(2)机身螺旋桨的速度不要过大，否则尾翼的力矩将不能平衡机身的转动；

(3)开机时间不宜过长，以免烧坏设备；

(4)实验过程中切勿触碰飞机模型，以免造成损伤.

【思考题】

(1)有的直升机装有双螺旋桨，试说明其工作原理.

(2)某人想通过自己在水平圆盘上的跑动，来定量验证定轴转动定律，如何设计一套方案，帮他实现该定量测量呢？

实验 7 定向陀螺

【实验目的】

演示并定性验证角动量守恒定律，了解陀螺定向的物理原理及其应用.

【实验装置】

实验装置如图 1.1.9 所示，其演示效果见图 1.1.10.

图 1.1.9 定向陀螺演示仪   图 1.1.10 演示效果图

【实验原理】

如图 1.1.9 所示，定向陀螺演示仪由支架、常平架和回转仪三部分组成. 常平架固定在框架上，由内环和外环组成. 外环能够绕固定在框架上的两个光滑支点所确定的转轴自由转动，内环可以绕固定在外环中央的两个支点确定的转轴自由转动，回转仪(转子)可以绕固定在内环上的两个支点确定的转轴转动. 这样的装置保证了回转仪、内环和外环的三个转轴两两正交，交点与回转仪的质心重合，使得系统所受合外力矩为零. 这种装置的另一个特点是回转仪的自转轴可以在空间自由转向.

当回转仪高速转动时, 由于回转仪所受合外力矩为零, 所以其角动量守恒, 即角动量的方向和大小都不再发生变化. 角动量的方向与回转仪自转轴一致. 所以, 无论如何转动框架, 回转仪自转轴的方向应保持不变.

回转仪高速自转时, 转轴方向不再随框架方位的变化而变化的特性可作为定向作用而用于导航系统, 在陀螺罗盘、惯性导航系统中有着重要应用.

【操作与效果】

(1) 将定向陀螺仪平放在加速电机轮的支架上, 通电, 给陀螺的转子加速半分钟左右, 断电, 双手平托将陀螺拿起.

(2) 握住陀螺的手柄, 任意翻转, 观察到三个圆环各自绕自身轴转动, 但高速转动的转子的转轴方向保持不变.

(3) 演示完角动量守恒定律之后, 陀螺还在高速旋转, 此时可将陀螺定向仪插放在底座上, 经过一段时间后会自行停下来.

【注意事项】

(1) 将定向陀螺放置在支架上时, 务必放平, 使其转子的外缘轻轻接触加速电机轮的轮缘;

(2) 务必使转子转动平稳, 且断电后再取下陀螺;

(3) 转子被加速和演示过程中转子转速极高, 注意不要触摸到外边缘以外的任何地方, 或碰到其他物体以免造成损伤;

(4) 注意保持转子的转速, 速度明显变慢, 演示效果将会变差.

【思考题】

(1) 在飞机、导弹或宇宙飞船上安装陀螺定向仪, 可以使飞行器的航向相对于空间的某一指定方向保持不变, 从而起到导航的作用, 分析其工作原理.

(2) 据《西京杂记》记载, 我国西汉时期, 丁缓设计制造的"被中香炉"使得香炉在被中不倒, 很好地应用了角动量守恒定律, 结合现实生活你能再举几个应用角动量守恒的例子吗?

(3) 失重状态下, 陀螺的定向作用是否还有效呢?

实验 8　两用陀螺进动

【实验目的】

演示旋转车轮在外力矩作用下的进动现象, 了解刚体自转轴沿着外力矩方向进动的原理.

【实验装置】

实验装置如图 1.1.11 所示，其演示效果见图 1.1.12.

图 1.1.11 两用陀螺进动演示仪   图 1.1.12 演示效果图

【实验原理】

如进动示意图 1.1.13 所示，将一个转轮的轴的一端做成球形，放在一根固定的垂直杆顶端的凹槽内. 转动转轮前，先使转轮轴保持水平，如果这时松手，转轮在重力作用下将发生倾倒. 如果使转轮高速地绕自己的对称轴旋转起来，尽管仍然存在重力作用，转轮却倒不下来. 此时，转轮的自转轴将在水平面内以杆顶为中心回转起来，这种高速自转物体的轴在空间转动的现象就是进动.

绕自身对称轴高速旋转的转轮，如果所受合外力矩为零，根据角动量守恒定律，则转轮将保持自身对称轴在空间的指向不变；如果所受合外力矩不为零，根据角动量定理，角动量的增量将沿着合外力矩的方向，转轮将沿着合外力矩的方向发生进动. 如图 1.1.14 所示，假设某个瞬间转轮绕自身对称轴高速转动，转轮具有角动量 $L = J\omega$，方向沿其轴向. 此时，转轮因重力作用，要受到一个垂直纸面向里的重力

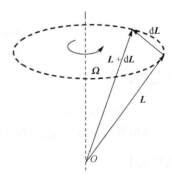

图 1.1.13 车轮进动示意图   图 1.1.14 进动原理图

矩 $M = r \times mg$ 的作用，$M \perp L$，垂直于纸面向里，根据角动量定理：$M\mathrm{d}t = \mathrm{d}L$，说明角动量增量 $\mathrm{d}L$ 和外力矩 M 的方向一致，因此，自转轴此刻垂直纸面向里摆动，因而车轮不会倒下，而是绕着固定的竖直轴缓缓转动，即转轮的进动.

【操作与效果】

(1) 用力使转轮快速转动，将其圆头放置到支架上，令转轴竖直，可看到转轮继续绕自身对称轴旋转.

(2) 将快速旋转转轮的圆头放在支架上，令其轴与竖直方向成一定角度，放手后发现转轮不仅绕其自身对称轴转动，而且自身对称轴还会绕支架旋转，这就是进动现象.

(3) 将提绳挂在转轮手柄上的挂环处，一手手持转轮，用力使转轮快速转动，另一手提起转轮，观察转轮的进动现象.

【注意事项】

(1) 演示过程中，随着转轮转速的减小，转轮一侧会慢慢下垂，因此为了使演示效果明显，初始时刻尽量让转轮高速旋转并小角度倾斜；

(2) 进行操作与效果 (2) 时，注意保护转轮，以免坠落.

【思考题】

(1) 试研究转轮 (陀螺) 作进动时，若转轮绕自身对称轴的旋转角速度 ω 不足够大，转轮进动的同时会出现什么现象.

(2) 在枪膛或炮膛内壁都切有螺旋状凹沟，即来复线，使出射的枪弹或炮弹高速旋转起来，请分析这样做的目的是什么.

1.2   演示室实验

///// 实验 9 碰 撞 打 靶 /////

【实验目的】

演示两个球体的碰撞、碰撞前的单摆运动以及碰撞后的平抛运动，加深对动量守恒定律和机械能守恒定律的理解.

【实验装置】

实验装置如图 1.2.1 所示.

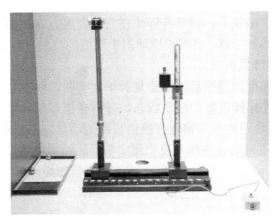

图 1.2.1　碰撞打靶演示仪

【实验原理】

本实验的演示装置由导轨、单摆、升降架(上有小电磁铁,可控断通)、被撞小球及载球支柱、靶盒等组成,如图 1.2.1 所示. 载球立柱上端为锥形平头状,减小钢球与支柱接触面积,在小钢球受击运动时,减少摩擦力做功. 支柱具有弱磁性,以保证小钢球质心沿着支柱中心位置.

升降架上装有可上下升降的、磁场方向与杆平行的电磁铁,杆上有刻度尺及读数指示移动标志. 仪器上电磁铁磁场中心位置、单摆小球(钢球)质心与被碰撞小球质心在碰撞前后处于同一平面内. 由于事前二球质心被调节成离导轨同一高度,所以,一旦切断电磁铁电源,被吸单摆小球将自由下摆,并能正中地与被击球碰撞. 被击球将做平抛运动. 最终落到贴有目标靶的金属盒内. 本实验中用到的物理概念和定律有碰撞、平抛运动、动量守恒定律和机械能守恒定律等.

【操作与效果】

实验一　观察电磁铁电源切断时,单摆小球只受重力及空气阻力时的运动情况,观察两球碰撞前后的运动状态. 测量两球碰撞的能量损失.

(1)调整导轨水平,如果不水平可调节导轨上的两只调节螺钉.

(2)用电子天平测量被撞球(直径和材料均与撞击球相同)的质量 m,并以此作为撞击球的质量.

(3)根据靶心的位置,测出 x,估计被撞球的高度 y(如何估计?),并据此算出撞击球的高度 h_0.

(4)通过绳来调节撞击球的高低和左右,使之能在摆动的最低点和被撞球进行正碰.

(5)把撞击球吸在磁铁下，调节升降架使它的高度为 h_0，细绳拉直.

(6)让撞击球撞击被撞球，记下被撞球击中靶纸的位置(可撞击多次求平均)，据此计算碰撞前后总的能量损失.

(7)对撞击球的高度做调整后，再重复若干次实验，以确定能击中靶心的 h 值.

(8)观察两小球在碰撞前后的运动状态，分析碰撞前后各种能量损失的原因.

实验二　观察两个不同质量钢球碰撞前后的运动状态，测量碰撞前后的能量损失. 用直径、质量都不同的被撞球重复上述实验，比较实验结果并讨论之(注意：由于直径不同，应重新调节升降台的高度，或重新调节细绳).

【注意事项】

碰撞时必须保证两球在水平方向上正碰.

实验 10　转盘式科里奥利力

【实验目的】

演示小球在转动惯性系中的运动，展示科里奥利力的存在，帮助学生更好地理解科里奥利力产生的原因.

【实验装置】

实验装置如图 1.2.2 所示.

图 1.2.2　转盘式科里奥利力演示仪

【实验原理】

本演示装置设计了一个大型圆盘，在圆盘上还有一个沿半径方向、指向圆心的斜面. 当圆盘不转动时，从斜面上滚下的小球会径直通过圆心，并继续沿圆盘直径方向前进. 若圆盘旋转时，则小球从斜面下滚到达圆盘面时会向转盘转动相反的方向偏转，当以转动的圆盘作为参考系观察时，就无法解释沿直线方向运动的小球为何会受到一个侧向的"偏转力"。这个偏转力就是科里奥利力。科里奥利力的发现起始于在地球的北半球或南半球做直线运动的物体分别受到顺时针或逆时针方向的偏转力的影响。通过进一步的研究发现，这种使运动物体受到的顺时针或逆时针方向的偏转力是由地球的自转造成的。科里奥利力的影响无处不在，比如，北半球的河流由南向北流动时，在科里奥利力的作用下，东岸会受到更严重的冲刷。在军事上，火炮做远程射击时，应考虑到科里奥利力引起的弹道偏差。在第一次世界大战中，德军用巨型加农炮在距离巴黎 70mi[①]处炮轰巴黎，如果按照通常的瞄准法，炮弹会偏离目标 1mi 以上，但德军考虑到科里奥利力的作用做了修正瞄准，结果炮弹精确地打到巴黎市区。

【操作与效果】

(1)在圆盘静止时，将一个小球沿斜面滚下，观察其运行轨迹是否为直线。

(2)打开电源开关，圆盘在电机的带动下低速旋转，再把小球沿斜面滚下，观察小球运动方向与转盘上原来沿直径方向轨迹的变化。

【注意事项】

请勿用手直接转动圆盘，应打开圆盘下方的电源开关，让圆盘在电机的带动下低速转动，从而便于观察小球的运行轨迹。

实验11 傅 科 摆

【实验目的】

演示科里奥利力使摆动平面发生转动的现象，加深学生对科里奥利力的理解，了解地球自转对物体运动的影响。

【实验装置】

实验装置如图 1.2.3 所示。

【实验原理】

图 1.2.3 傅科摆演示仪

傅科摆是仅受引力和吊线张力作用而在惯性空间固定平面内运动的摆。为了证明地球在自转，法国物理学家傅科于 1851 年做了一次成功的摆动实验，傅科摆由此而得名。实验在巴黎圆顶大厦

---

① 1mi=1.609344km.

进行，摆长 67m，摆锤重 28kg，悬挂点经过特殊设计使摩擦减少到最低限度．这种摆惯性大，因而基本不受地球自转影响而自行摆动，并且摆动时间很长．在傅科摆实验中，人们看到，摆动过程中摆动平面沿顺时针方向缓缓转动，摆动方向不断变化．分析这种现象，摆在摆动平面方向上并没有受到外力作用，按照惯性定律，摆动的空间方向不会改变，因而可知，这种摆动方向的变化，是由于观察者所在的地球沿着逆时针方向转动的结果，地球上的观察者看到相对运动现象，从而有力地证明了地球是在自转．傅科摆放置的位置不同，摆动情况也不同．在北半球时，摆动平面顺时针转动；在南半球时，摆动平面逆时针转动，而且纬度越高，转动速度越快；在赤道上的摆几乎不转动．傅科摆摆动平面偏转的角度 $\theta = 15t\sin\phi$ ，单位是度．式中 ϕ 代表当地地理纬度，t 为偏转所用的时间，单位是小时．

【操作与效果】

(1)先调整仪器底座水平，使静止时摆球停在下圆盘中心．

(2)打开仪器电源，适当调整摆球摆幅使摆线刚好与金属环相碰，摆幅一般在下圆盘上的 4 格左右为宜．

(3)观察摆动平面的转动现象．

【注意事项】

在实验过程中，不要摇动仪器，此外还要避免风的作用，以免影响摆的正常运行．

实验 12　锥 体 上 滚

【实验目的】

演示锥体上滚现象，了解在重力场中的物体总是以降低重心来趋于稳定的规律，加深对重心概念和机械能守恒定律的理解．

【实验装置】

实验装置如图 1.2.4 所示．

图 1.2.4　锥体上滚演示仪

【实验原理】

本实验中 V 形导轨的低端处，两根导轨相距较小，由于锥体中间粗两端细，停于此处的锥体重心最高，重力势能最大；V 形导轨的高端处，两根导轨相距较大，停于此处的锥体重心最低，重力势能最小. 因此，从导轨低端处释放锥体，锥体就会沿导轨从低端滚向高端，这期间锥体的重心逐渐降低，重力势能逐渐减小，势能转化为锥体滚动时的动能，体现了机械能守恒. 锥体与轨道的形状巧妙组合，给人以锥体自动由低处向高处滚动的错觉.

【操作与效果】

把锥体放在 V 字形轨道的低端(即闭口端)，松手后锥体便会自动地滚上这个斜坡，到达高端(即开口端)后停住.

【注意事项】

注意不要将锥体脱离轨道.

实验 13 麦克斯韦滚摆

【实验目的】

演示滚摆周而复始地上下摆动现象，加深对机械能守恒过程中的重力势能和转动动能相互转化的理解.

【实验装置】

实验装置如图 1.2.5 所示.

图 1.2.5 麦克斯韦滚摆演示仪

【实验原理】

麦克斯韦滚摆由一个边缘厚重、中心穿有一个细轴的滚轮和细轴、支架等组成. 当捻动滚摆的轴，使滚摆上升到顶点时，储蓄一定的势能. 当滚摆被松开，开始旋转下降时，滚摆势能随之逐渐减小，而动能(包括平动动能和转动动能)逐渐增加. 当悬线完全松开，滚摆不再下降时，转动角速度达到最大值，动能最大. 由于滚摆仍继续旋转，它又开始缠绕悬线使滚摆上升. 在滚摆上升的过程中动能逐渐减小，势能却逐渐增加，上升到跟原来差不多的高度时，动能为零，而势能最大. 如果没有任何阻力, 滚摆每次上升的高度都相同, 说明滚摆的势能和动能在相互转化过程中, 机械能保持不变. 在滚摆上升和下降的过程中, 滚轮的重力势能和转动动能不断进行相互转化, 从而使滚摆能周而复始地上下摆动.

【操作与效果】

(1)手握细轴, 让细线绕在滚轮的轴上使滚轮上升到顶部.

(2)释放细轴, 滚轮在重力作用下下降, 随着细轴的转动, 滚轮也开始转动起来, 重力势能转化为滚轮的转动动能和平动动能.

(3)当滚轮降到底部时, 释放出的势能几乎全部转化成滚轮的转动动能.

(4)滚轮继续转动, 使细线又绕在轴上, 使滚轮又逐步上升, 等转动动能全部转化为势能时, 滚轮又重新回到了顶部. 接着继续重复前面的过程.

【注意事项】

注意细线、细轴和滚轮间不可打滑, 细线和细线间不能缠绕.

实验 14　茹科夫斯基凳

【实验目的】

演示系统转速随转动惯量改变而改变的现象, 加深学生对角动量守恒定律的理解.

【实验装置】

实验装置如图 1.2.6 所示, 其演示效果见图 1.2.7.

图 1.2.6　茹科夫斯基凳

图 1.2.7　演示效果图

【实验原理】

本实验的演示装置由一把转椅和两个哑铃构成. 演示者坐在转椅上, 手持哑铃, 两臂平伸, 由旁人助其旋转, 然后慢慢收拢双臂, 可以看到转速不断增大. 物体在绕定轴转动时，角动量 $L = J\omega$，式中 J 为系统的转动惯量，ω 为系统转动的角速度. 当系统以某一个角速度开始转动以后，由于重力矩在角动量方向上的分量为零，若不考虑摩擦阻力等造成的能量损耗，则其角动量 L 应保持守恒，若此时系统的转动惯量 J 发生改变，相应地，转动的角速度 ω 也会发生改变，使 $J\omega$ 的乘积保持不变.

【操作与效果】

(1)实验者坐在茹科夫斯基凳上，双手握哑铃靠紧胸口，两脚收拢，另一个人帮助实验者在转椅上旋转起来.

(2)当椅子按一定角速度旋转时，实验者突然把握住哑铃的双手向两边伸开，同时还可把双脚也伸开，这时由于转动系统的转动惯量增大，所以转动的角速度骤然减慢. 如果再把四肢收拢，因转动惯量减小，转动角速度又会增大.

【注意事项】

实验时，实验者一定要在椅子上坐好，以防椅子旋转时跌下.

实验 15 车 轮 进 动

【实验目的】

演示旋转车轮在外力矩作用下的进动现象，加深对角动量定理的理解.

【实验装置】

实验装置如图 1.2.8 所示.

图 1.2.8 车轮进动演示仪

【实验原理】

本实验的演示装置如图 1.2.8 所示,当车轮式回转仪的轮子绕自转轴以角速度 ω

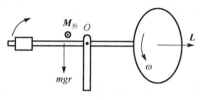

图 1.2.9　车轮进动原理图

高速旋转时(图 1.2.9),其角动量为 $L = J\omega$. 若支点 O 不在系统重心,系统将受到重力矩 $M_{外} = r \times mg$ 的作用. 由角动量定理 $M = \mathrm{d}L/\mathrm{d}t$ 及 $\Delta L \perp L$ 的关系可知,车轮自转轴将绕竖直轴发生进动,其进动角速度 $\Omega = mgr/J$, Ω 方向由 L、M 的方向决定:"进动" Ω 的方向总是使 L 的方向向 M 的方向靠拢.

【操作与效果】

(1)适当调节配重使系统处于不平衡状态(否则进动无法实现).

(2)用左手扶住横杆,右手驱动车轮,使之绕自转轴以 ω 高速转动,放手后,观察车轮自转轴绕竖直轴转动的进动现象.

(3)改变 ω 方向,可以看到进动角速度的方向也随之改变.

【注意事项】

驱动车轮时,应使车轮达到一定的转速,否则可能因为系统本身的摩擦力使现象不明显.

实验 16　机翼压差

【实验目的】

演示机翼在高速气流作用下的运动状态,加深对流体伯努利方程的理解,了解飞机机翼因上下压差产生升力的原理.

【实验装置】

实验装置如图 1.2.10 所示.

图 1.2.10　机翼压差演示仪

【实验原理】

由伯努利方程可知,对于由不可压缩、非黏滞性流体组成的流线上的各点,其压力和单位体积的机械能(动能势能)之和为常量,即对于流线上的任意点,均有下式成立:

$$p + \frac{1}{2}\rho v^2 + \rho gh = 常量$$

式中 p 为压强, v 为流速, ρ 为流体密度, h 为相对高度, g 为重力加速度. 另外根据流体的连续性原理,在一个流管中,流体的横截面 S 与流速 v 有关

$$v_1 S_1 = v_2 S_2 = 常量$$

所以当高速气流在飞机机翼上下两侧经过时,因机翼上方凸起,气流经过的横截面 S 较小,故气体的相对流速较大;而机翼下部呈凹形,气流经过的横截面 S 较大,气体的相对流速较小. 根据伯努利方程,流速大的地方气体的压力较小;流速小的地方气体的压力较大,这就使飞机的机翼上下产生压差,形成了向上的升力.

【操作与效果】

打开气源,对着机翼吹风,观察飞机机翼因压差产生升力的现象.

【注意事项】

实验时须适当选择气源与机翼的距离和角度,并注意必要时在机翼中间的滑杆上涂一些润滑油以减小滑杆与机翼模型的摩擦力.

实验 17　伯努利悬浮球

【实验目的】

演示流体的流速与压强的关系,验证伯努利方程,了解其在现实生活中的应用.

【实验装置】

实验装置如图 1.2.11 所示.

【实验原理】

装置的上方是一个喇叭形喷嘴,当气体从中高速喷出时,球可以悬浮在空中,而不是被气体吹走,这就是伯努利效应,它是由瑞士著名的科学家丹尼尔·伯努利在 1726 年发现的.

图 1.2.11　伯努利悬浮球演示仪

由伯努利方程可知,定常流动的流体,流速越大压力越小. 当小球贴近喷气口时,喇叭中心向外喷气,小球减小了等量空气流动

的空间，使其流速快，而压强小；而小球下方空气流速慢，因此压强大. 当上下面的压力差与小球本身的重力平衡时，小球非但不会被吹开，反而悬浮在空中.

【操作与效果】

(1)打开电源开关，电源指示灯亮，气体从喷嘴高速喷出.

(2)将小球置于漏斗下方，放手后小球悬浮起来.

(3)演示完毕，关掉电源开关.

【注意事项】

必须选择合适的球(质量和大小合适)，球才能悬浮起来.

1.3　模拟仿真实验

实验 18　碰撞和守恒定律

【实验目的】

演示完全弹性碰撞、完全非弹性碰撞、非弹性碰撞，验证机械能守恒定律，加深对碰撞的基本方程和守恒定律的理解.

【仿真仪器】

仿真仪器如图 1.3.1 所示.

图 1.3.1　碰撞和守恒定律仿真平台

【实验原理】

动量守恒定律和能量守恒定律在物理学中占有非常重要的地位. 力学中的运动定理和守恒定律最初是从牛顿定律导出来的，在现代物理学所研究的领域中存在很多牛顿定律不适用的情况，例如，高速运动的物体或微观领域中粒子的运动规律和相互作用等，但是动量、能量守恒定律仍然有效. 因此，动量、能量守恒定律成为比牛顿定律更为普遍适用的定律.

　　动量守恒定律：如果一个力学系统所受合外力为零或在某方向上的合外力为零，则该力学系统总动量守恒或在某方向上守恒. 实验装置由气垫导轨、滑块、钢圈、橡皮泥等组成. 对于完全弹性碰撞，要求两个滑行器的碰撞面用弹性良好的弹簧组成，我们可用钢圈作完全弹性碰撞器；对于完全非弹性碰撞，碰撞面可用尼龙搭扣、橡皮泥或油灰；一般非弹性碰撞使用合金、铁等金属，无论哪种碰撞，必须保证是对心碰撞.

　　机械能守恒定律：如果一个力学系统只有保守内力做功，其他内力和一切外力都不做功，则系统机械能守恒. 实验中，将质量为 m 的砝码用细绳通过滑轮与质量为 m' 的滑块相连，当砝码下落高度为 h 时，根据机械能守恒定律，应有 $mgh = \dfrac{1}{2}(m + m')(v_2^2 - v_1^2)$，$v_1$ 和 v_2 分别为滑块通过 h 距离的始末速度. 通过测量 h、v_1 和 v_2，可验证机械能守恒定律.

【实验内容】

　　(1) 研究三种碰撞状态下的守恒定律；
　　(2) 验证机械能守恒定律.

实验 19　刚体的转动惯量

【实验目的】

　　模拟演示刚体的转动惯量与质量分布的关系，计算转动惯量，加深对质点平动和刚体定轴转动定律的理解.

【仿真仪器】

　　仿真仪器如图 1.3.2 所示.

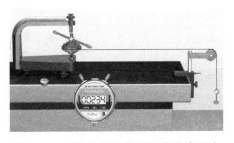

图 1.3.2　刚体的转动惯量测定仿真平台

【实验原理】

转动惯量是表征刚体转动惯性大小的物理量，它与刚体的总质量、质量分布以及转轴的位置有关. 根据刚体定轴转动定律 $M = J\beta$，其中，M 为刚体受到的合外力矩，J、β 为相对于同一转轴的转动惯量和角加速度.

实验装置如图 1.3.2 所示，待测刚体由转盘、伸杆及杆上的配重物组成. 刚体通过一绕过定滑轮的细线与砝码相连，定滑轮的质量可以忽略. 实验中，刚体将在砝码的拖动下绕竖直轴转动. 设细线不可伸长，砝码受到重力和细线的张力作用，从静止开始加速下落，其加速度与刚体的角加速度满足 $a = r\beta$，其中，r 为刚体的半径. 当砝码质量远小于刚体的质量时，由牛顿第二定律、定轴转动定律可得到转动惯量和下落时间的关系为 $J = mgr^2t^2/2h$. 通过测量下落高度 h 与时间 t 的关系，可计算转动惯量. 通过选用一系列不同质量的砝码，重复上述实验，观察所用砝码的质量与下落时间 t 的平方是否呈反比关系，可验证刚体的定轴转动定律.

【实验内容】

(1) 测量定轴转动刚体的转动惯量；
(2) 观察刚体的质量分布对转动惯量的影响；
(3) 验证刚体定轴转动定律.

第 **2** 章
热　学

2.1　随堂演示实验

实验 1　麦克斯韦速率分布律

【实验目的】

　　模拟演示热学中气体分子的麦克斯韦速率分布、速率分布与温度的关系,更好地理解速率分布函数归一化和最概然速率.

【实验装置】

　　实验装置如图 2.1.1 所示,其演示效果见图 2.1.2.

 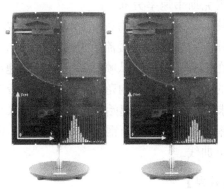

　　图 2.1.1　麦克斯韦速率分布演示仪　　　　　图 2.1.2　演示效果图

【实验原理】

　　1859 年,英国物理学家麦克斯韦从理论上得到了平衡态时气体分子的速率分布率. 麦克斯韦速率分布函数数学形式如下：

$$f(v) = 4\pi \left(\frac{m}{2\pi kT} \right)^{\frac{3}{2}} e^{\frac{mv^2}{2kT}} v^2$$

式中，T 是系统的热力学温度，m 为分子质量，k 为玻尔兹曼常量. 其物理意义为：在速率 v 附近，单位速率区间内的分子数占总分子数的百分比. 速率分布函数满足归一化条件

$$\int_0^\infty f(v)\mathrm{d}v = 1$$

麦克斯韦速率分布是大量分子处于平衡态时的统计分布，也是它的最概然分布. 大量分子的集合从任意非平衡态趋于平衡态，其分子速率分布则趋于麦克斯韦速率分布，其根源在于分子间的频繁碰撞.

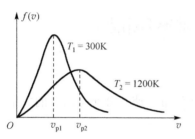

图 2.1.3　理想气体分子在不同温度的速率分布

理想气体分子在不同温度下的麦克斯韦速率分布函数 $f(v)$ 如图 2.1.3 所示：由于曲线下的总面积恒为 1，保持不变，故温度升高时速率分布曲线变宽、变平坦. 从图中还可以看到，在较高的温度下，速率较大的分子在分子总数中的百分比增大，最概然速率 v_p 变大.

本实验仪器采用翻转式速率分布演示板来模拟演示热学中气体分子的速率分布，即麦克斯韦速率分布.

本装置是采用亚克力板制作的封闭式结构. 储存室里装有大量小钢珠，可由下方小口漏下，当钢珠经缓流板慢慢地流到活动漏斗中，再由漏斗口漏下，不对称分布地落在下滑曲面上，从喷口水平喷出，速率大的落在远处的隔槽内，速率小的落在近处的隔槽内，隔槽内落球的数量分布反映了落球按水平方向速率的概率密度分布. 落球从漏斗中下落起始点的位置影响水平方向的速率分布，类似于温度对理想气体速率的影响. 所以当钢珠全部落下后，便形成对应一定温度的速率分布曲线，即 $f(v)$-v 曲线.

【操作与效果】

(1)将仪器竖直放置在桌面或地面上，推动调温杆使活动漏斗的漏口对正温度 T_1 的位置.

(2)仪器底座不动，按转向箭头的方向转动整个边框一周，当听到"咔"的一声时恰好为竖直位置.

(3) 钢珠集中在储存室里，由下方小口漏下，当钢珠全部落下后，便形成对应 T_1 温度的速率分布曲线，即 $f(v)$-v 曲线.

(4) 拉动调温杆，使活动漏斗的漏口对正 T_2(高温)位置.

(5) 再次按箭头方向翻转演示板 360°，钢珠重新落下，当全部落下时，形成对应 T_2 的分布.

(6) 将两次分布曲线在仪器上绘出标记，比较 T_1 和 T_2 的分布，可以看出温度高时曲线平坦，最概然速率变大.

(7) 利用 T_1 和 T_2 两条分布曲线所围面积相等可以说明速率分布概率归一化.

【注意事项】

(1) 注意演示板的翻转方向，按箭头指示的方向翻转；

(2) 翻转演示板时要小心，切忌太快.

【思考题】

为什么调节漏斗下落起始点的位置，就可以定性模拟速率分布随温度的变化？

实验2 斯特林热机

【实验目的】

演示热机的工作原理，了解斯特林热机的循环过程，加深对热力学第一定律和热机效率的理解.

【实验装置】

实验装置如图 2.1.4 所示，其演示效果见图 2.1.5.

图 2.1.4 斯特林热机装置图   图 2.1.5 演示效果图

【实验原理】

斯特林热机是一种由外部供热使气体在不同温度下作周期性压缩和膨胀的封闭循环往复式发动机,由苏格兰人斯特林在 19 世纪初发明.理论上,斯特林热机的热效率接近理论最大效率(卡诺循环效率).但二者又有所不同,前者由两个等温过程和两个等容过程构成,而后者由两个等温过程和两个绝热过程构成.

斯特林热机属于可逆热机,要使可逆热机运转必须有高温和低温两个热源,热机则工作于两个热源间,从高温热源吸收热量再往低温热源放出热量,通过工质(空气),热机把热能转化为对外做的功.做功的效率:$\eta = \dfrac{W}{Q_1} = 1 - \dfrac{T_2}{T_1}$,式中,$W$ 为热机输出的净功,Q_1 为从高温热源吸入的热量,T_1 为高温热源的温度,T_2 为低温热源的温度.可见,高温热源与低温热源的温差越大,热机的效率越高.

斯特林热机的气缸一端为热腔,另一端为冷腔,缸内部充满了气体(即工作介质,简称工质),在该装置中有两个活塞:动力活塞——发动机上方较小的活塞,上移使得工质膨胀,下移使得工质被压缩.置换器活塞(或称配气活塞)——装置中较大的活塞,推动工作气体在两端之间来回运动,气体在低温冷腔中被压缩,然后流到高温热腔中迅速加热,膨胀做功.如此不断循环,将热能转化为机械能,对外做功.观察曲轴排布,可知当飞轮工作时,两个活塞在气缸中作简谐振动,配气活塞比动力活塞的相位超前 90°.

【操作与效果】

(1)接通电源,使灯泡发光.

(2)将斯特林热机放到灯泡上方,灯泡发出的光给热机加热一分钟左右后,给热机转盘一个小的外力使转盘转动起来.

(3)观察转盘的转速和活塞的运动,发现转盘和活塞运动得越来越快,这表明热机通过空气将热能转换成了功.

(4)实验完毕,关掉电源,收好仪器.

【注意事项】

在挪动仪器时,小心热机装置摔到地上损坏.

【思考题】

(1)斯特林热机的工质在一个循环周期内所经历的过程有哪些?

(2)该热机的循环过程与卡诺热机有何不同?有何优势?

(3)为什么开始要给热机转盘一个小的外力使转盘转动起来?

(4) 把斯特林热机演示仪的底座放到冷源(比如冰块)上,斯特林热机是否会旋转起来?

2.2　演示室实验

实验 3　空气黏滞力

【实验目的】

演示高速转动转盘带动另一个靠得很近但互不接触的转盘转动的现象,加深学生对空气黏滞力原理的理解.

【实验装置】

实验装置如图 2.2.1 所示.

图 2.2.1　空气黏滞力演示仪

【实验原理】

空气中由于气体分子的热运动,各分子间会因相互碰撞而传递能量.如果两个气体流层相互靠近并且有明显的速度差,则流速较快的气体分子在运动过程中通过碰撞把动能传递给流速较慢的气体分子,使原来运动速度较慢的气体变得快起来.这种微观上的分子间的相互作用力,在宏观上就表现为空气的黏滞力.

本演示装置有两个靠得很近的转盘,相互平行但并不接触,当下面的转盘高速旋转时,由于盘面与空气层之间以及各相邻的空气层之间有内摩擦力作用,所以由下至上各空气层就逐层被带动着转动起来,直至上面原本静止的转盘也会跟着转动起来.这种空气层之间由速度不同引起的相互作用力就是内摩擦力,即黏滞力.

【操作与效果】

实验开始前，上、下转盘都保持静止，打开电源使下转盘旋转，观察上转盘的运动情况.

【注意事项】

下转盘旋转时转速很快，切不可用手触及，以免造成伤害.

实验 4　伽尔顿板

【实验目的】

演示钢珠通过伽尔顿板后的分布情况，使学生加深对大量偶然事件所服从的统计规律的理解.

图 2.2.2　伽尔顿板演示仪

【实验装置】

实验装置如图 2.2.2 所示.

【实验原理】

本实验装置为有机玻璃制作的封闭式结构的伽尔顿板，腔内由钉阵和狭缝组成，整个装置上下对称. 根据统计学的原理，大量偶然事件的整体遵从一定规律性，即统计规律. 例如，在大量掷硬币的事件中，硬币正面向上的概率是 1/2，这就是一个统计规律. 在大量钢珠从伽尔顿板上方落下时，单一的钢珠的落点是随机和不确定的，但大量小球落下后的分布则遵循正态分布，呈现有规则的中间多两边少且左右对称的情况.

【操作与效果】

(1) 使仪器中的钢珠全部集中在伽尔顿板一端的下部.

(2) 迅速将板翻转，使原来大量在下部的钢珠翻到伽尔顿板的上方.

(3) 钢珠在下降过程中，一路上都与各种横柱相碰撞，最后随机地落在下方的竖槽中，大量的钢珠都落完后，在各个竖槽中的钢珠呈现中间多两边少的正态分布状况.

【注意事项】

演示时，钢珠的数量必须足够多，否则会严重偏离高斯正态分布.

2.3　模拟仿真实验

实验 5　空气密度的测量

【实验目的】

演示低真空的获得方法、真空度的测量方法以及不同真空度时的辉光放电现象，掌握空气密度的测量方法.

【仿真仪器】

仿真仪器如图 2.3.1 所示.

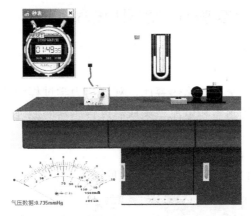

气压数据:0.735mmHg

图 2.3.1　空气密度的测量仿真平台

$1\mathrm{mmHg}=1.33322\times10^{2}\mathrm{Pa}$

【实验原理】

真空是一种不存在任何物质的空间状态. 通常意义上，将一区域内的气压远小于一个标准大气压的气体状态称为低真空. 常用的获得低真空的设备有机械泵和油扩散泵等，其中机械泵是依靠插在偏心转子中的数个可以滑进滑出的旋片将泵体内的气体压缩、隔离，然后将其排出体外.

容器内的真空度可通过热偶真空计进行测量. 随着容器内气压下降，管内气体分子减少，气体分子从热偶丝获取的热量减少，热偶丝温度升高，由热电偶产生的热电势增加，输出电压增加. 本实验所用的热偶真空计的测量范围：$10^{-1}\sim100\mathrm{Pa}$.

随着容器内剩余气体分子的逐渐减少，对玻璃容器加一高电压时，可使气体分子电离并有光子释放，即产生辉光放电. 由于各种气体的电离电势不同，所以放出的光子频率不同，即辉光放电的颜色也不同，根据颜色变化可大致判断真空度的量级.

空气密度的测量：先测定装满空气的定容瓶质量 m_1，把定容瓶接到真空系统抽真空，抽到最高真空度，取下定容瓶称其质量 m_0，计算空气的密度：$\rho = \dfrac{m_1 - m_0}{V}$.

【实验内容】

（1）用机械泵获得低真空；

（2）用热偶计测量真空度，并同 U 形计的测量结果进行比较；

（3）观测不同真空度时辉光放电现象；

（4）用定容法测定空气密度，并对测定空气密度进行温度、湿度、气压修正，最终得到标准状态下的空气密度.

实验 6　空气比热容的测量

【实验目的】

用绝热膨胀法测定空气的比热容比，观测热力学过程中的状态变化及基本物理规律，学习气体压力传感器和电流型集成温度传感器的原理及使用方法.

【仿真仪器】

仿真仪器如图 2.3.2 所示，其实验效果见图 2.3.3.

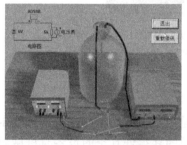
图 2.3.2　空气比热容比的测量仿真平台

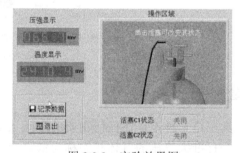
图 2.3.3　实验效果图

【实验原理】

理想气体的比热容比（又称为气体的绝热系数）是热学中的一个重要物理量，其定义为 $\gamma = C_p / C_V$，其中，C_p 和 C_V 分别为理想气体的摩尔定压热容和摩尔定容热容.

假设容器内压入一定量的理想气体，初状态为 I (p_1, T_1, V_1)，然后突然急速打开阀门，即绝热膨胀，令其压强降低到标准大气压 p_0，到达状态 II (p_0, T_2, V_2)，再关闭阀门，放置一段时间，系统从外界吸收热量，温度升至 T_1，到达状态Ⅲ $(p_2,$ $T_1,V_2)$. 状态Ⅰ到状态Ⅱ的过程满足绝热过程方程：$p_1 V_1^\gamma = p_0 V_2^\gamma$，状态Ⅲ和状态Ⅰ温度相同，由理想气体状态方程可得 $p_1 V_1 = p_2 V_2$，所以有

$$\gamma = \frac{\ln p_1 - \ln p_0}{\ln p_1 - \ln p_2}$$

利用该式通过测量 p_0、p_1 和 p_2 值，即可求得空气的比热容比 γ.

【实验内容】

(1) 分别用气压计和温度计测量大气压和环境温度；

(2) 用压力传感器和温度传感器测量储气瓶内不同状态下的空气压强和温度；

(3) 计算空气比热容比.

实验 7　良导体热导率的动态测量

【实验目的】

演示用热波法测量铜、铝等良导体的热导率，加强对热传导现象的理解.

【仿真仪器】

仿真仪器如图 2.3.4 所示，其实验效果见图 2.3.5.

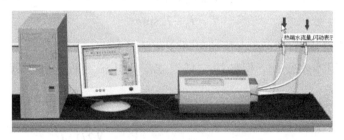

图 2.3.4　良导体热导率的动态测量仿真平台

 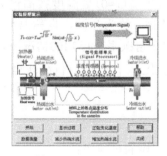

图 2.3.5　实验效果图

【实验原理】

实验采用热波法测量铜、铝等良导体的热导率. 假设为棒状样品,令热量沿一维传播,周边绝热,根据热传导定律,单位时间内流过某垂直于传播方向上面积 A 的热量,即热流为

$$\frac{\partial q}{\partial x} = -KA\frac{\partial T}{\partial x}$$

式中 K 为待测材料的热导率,A 为截面积,$\frac{\partial T}{\partial x}$ 是温度对坐标 x 的梯度,负号表示热量流动方向与温度变化方向相反.

由上式可解得 $\mathrm{d}t$ 时间内通过面积 A 流入的热量 $\mathrm{d}q$,若没有其他热量来源或损耗,根据能量守恒定律,$\mathrm{d}t$ 时间内流入面积 A 的热量等于温度升高所需要的热量,由此可推得热流方程为

$$\frac{\partial T}{\partial t} = D\frac{\partial^2 T}{\partial x^2}$$

式中 $D = \dfrac{K}{C\rho}$,称为热扩散系数.

热流方程的解将各点的温度随时间的变化表示出来,具体形式取决于边界条件,若令热端的温度围绕 T_0 按简谐规律变化,即

$$T - T_0 + T_{\mathrm{m}}\sin\omega t$$

式中 T_{m} 是热端最高温度,ω 为热端温度变化的角频率.

若另一端用冷水冷却,保持恒定低温 T_0,则热流方程的解也即棒中各点的温度为

$$T = T_0 - \alpha x + T_{\mathrm{m}}\mathrm{e}^{-\sqrt{\frac{\omega}{2D}}x} \cdot \sin\left(\omega t - \sqrt{\frac{\omega}{2D}}x\right)$$

可以看出,当热端($x=0$)处温度按简谐方式变化时,这种变化将以衰减波的形式在棒内向冷端传播,称为热波,也称温度波.

实验中,在角频率 ω 已知的情况下,只要测出热波波速或波长就可以计算出 D,然后再由 $D = \dfrac{K}{C\rho}$,计算出材料的热导率 K.

【实验内容】

(1)测量铜棒的热导率;

(2)测量铝棒的热导率.

3.1 随堂演示实验

实验 1 韦氏起电机

【实验目的】

演示感应起电和放电现象，了解韦氏起电机的工作原理.

【实验装置】

实验装置如图 3.1.1 所示，其演示效果见图 3.1.2.

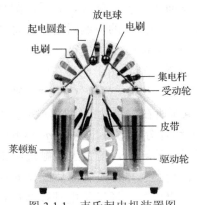
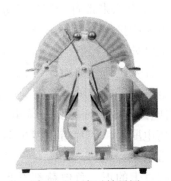

起电圆盘 — 放电球 — 电刷
电刷 —
集电杆
受动轮
皮带
莱顿瓶 — 驱动轮

图 3.1.1　韦氏起电机装置图　　　　　图 3.1.2　演示效果图

【实验原理】

当将金属导体靠近一电荷 q 时，导体内的自由电子在电场力的作用下将发生宏观定向移动，使导体上的电荷重新分布，出现静电感应现象. 导体上靠近电荷的一

端将带上 $-q$ 的电荷，远离电荷的一端带上 q 的电荷.

韦氏感应起电机是一种通过摩擦和感应能连续取得并积累较多正、负电荷的装置，起电机由起电圆盘、莱顿瓶、感应电刷、皮带、驱动轮、受动轮、集电杆、放

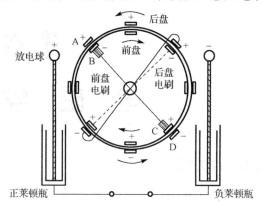

图 3.1.3　韦氏起电机工作原理图

电球等组成(图 3.13).起电圆盘由两块靠得很近且同轴的圆形有机玻璃组成，可绕圆周转动.两圆盘向外的表面上都贴有铝片，铝片以圆心为中心对称分布.两圆盘分别与两个受动轮固定，并依靠皮带与驱动轮相连，由于两根皮带中有一根中间有交叉，因此转动驱动轮时两盘转向相反.两圆盘上各有一个过圆心的固定金属电刷杆，电刷杆两端都有电刷，两电刷杆呈 90°夹角，电刷两端的铜丝与铝片密切接触，这样在圆盘旋转时铜丝铝片可以摩擦起电，使铝片带正电荷，铜丝带负电荷.圆盘两侧分别装有固定的集电杆，可收集铝片和铜片上的电荷，并把电荷分别导入起电机的左右两个莱顿瓶中.莱顿瓶是储存电荷的电容器，它由薄壁玻璃瓶在瓶壁的内外面上分别涂覆导电层组成，集电杆与内导电层相连接.两莱顿瓶集聚不同种电荷，作为电源的正、负极.集电杆的前端是放电球，放电球的作用是限定起电机的最高电势差，在必要时可调整放电球之间的间距进行放电.

当顺时针摇动转轮上的手柄时，两起电圆盘向相反方向旋转，若后面圆盘的某个铝片 A 上原来带有一些电荷 q，在它随圆盘旋转到前盘的电刷附近时，将使前盘上与电刷相接触的铝片 B 发生静电感应，铝片 B 将带上 $-q$ 的电荷，而电刷杆的另一端电刷处与之接触的圆盘上的铝片 C 将带上 q 的电荷，由于圆盘在转动，前盘上带等量异号电荷的 B、C 铝片将与电刷分离而带上净电荷.当 B、C 铝片分别转到后盘的电刷位置时，又会发生静电感应，使后盘电刷所在位置处的铝片分别感应出 q、$-q$ 的电荷，电刷杆的另一端电刷处的圆盘上的铝片分别感应出 $-q$、q 的电荷，圆盘转离电刷后，铝片带上静电荷.这样，随着圆盘的转动，前盘上接触过电刷的铝片都带上了净电荷.后盘上各铝片也都带上了净电荷.并且随着前后圆盘的反向转动，圆盘上的正、负电荷都不断地分别奔向两个集电杆，通过集电杆被储存到两边的莱顿瓶中.与莱顿瓶相连的放电球上也带上了异号电荷，若让两放电球正对，当两个放电球电荷量聚集到一定程度时，它们之间的电压将击穿空气，在两球间产生电火花，同时听到噼里啪啦的放电声.

韦氏起电机作为静电电源可为尖端放电、静电屏蔽、避雷针、静电跳球、静电滚筒、静电除尘等静电实验提供静电.

【操作与效果】

(1)调整起电机放电球的位置,使两球的间距为 2～3cm.

(2)顺时针摇动手柄,当两个起电盘快速旋转时,两放电球分别聚集了大量异号电荷,两球之间产生电火花,同时听到噼里啪啦的放电声.

(3)将两放电球接触,使两放电球上的电荷完全中和.

(4)反向摇动手柄,发现不能产生放电现象.

【注意事项】

(1)起电盘应放在干燥清洁的地方,保持两电刷杆互相垂直并与竖直方向成45°;

(2)摇动手柄,应由慢到快,且不宜过快,否则容易损坏起电盘;

(3)顺时针摇动手柄后,两小球及与之相连的集电棒上聚集了大量的电荷,所以不要用手触摸集电棒及放电球,以免被电击;

(4)实验完毕后,应将两个放电球接触一下再分开,进行正负电荷中和,两放电球接触后不能再转动手柄,避免两个起电盘上所有导电层正负电荷完全中和,不能再起电.

【思考题】

(1)逆时针摇动手柄时,为什么不能产生放电现象?

(2)若将皮带装错,使前后圆盘的转动同时反向能否起电?

(3)空气比较潮湿对起电有什么影响?

实验 2 静 电 跳 球

【实验目的】

演示带有电荷的金属小球在两金属极板间的跳动现象,加深对电荷性质和电场力的理解.

【实验装置】

实验装置如图 3.1.4 所示,其演示效果见图 3.1.5.

图 3.1.4 静电跳球装置图

图 3.1.5 演示效果图

【实验原理】

　　静电跳球装置有上下两个相互平行的金属极板，两极板封闭容器内装有很轻的铝质小球. 当给两个极板分别带上正、负电荷时，两极板间就存在大体沿竖直方向的静电场，小球也带上了与下极板同号的电荷. 由于同号电荷相斥，异号电荷相吸，小球就受到下极板的排斥力和上极板的吸引力而向上跳跃. 当小球与上极板接触后，小球所带电荷被中和掉，并带上与上板同号的电荷，于是又被上极板排斥、下极板吸引而向下运动. 如此上下往复，可观察到小球在容器内上下跳跃.

【操作与效果】

　　(1)将静电跳球装置的上下两个极板分别与韦氏起电机上两个集电杆相连,保证导线接触良好.

　　(2)调节韦氏起电机上两个集电杆前端的金属球之间的距离，使它们远离，避免产生两球间的放电.

　　(3)摇动起电机手柄，使起电机发电，从而使得静电跳球装置的上下两个极板分别带上异号电荷，当电荷达到一定量时，可观察到静电跳球装置里的小球开始跳动. 不断摇动起电机，小球就在两极板间往复摆动，并发出清晰的撞击声.

　　(4)起电机放电后，小球会因惯性，在一段时间内做微小摆动，最后停止在平衡位置.

　　(5)实验结束，用导体棒将两极板完全放电，以免触电.

【注意事项】

　　不要碰触金属板和韦氏起电机的金属部位，避免被电击.

【思考题】

　　(1)如果平行金属板产生的电场的空间分布一定，且不随时间变化，那么小球的运动周期与哪些因素有关？

　　(2)若用不同颜色表示几种不同质量的小球，或把小球换成纸条、丝线等其他电介质材料，可分别观察到什么现象？

实验 3　电风吹烛

【实验目的】

　　演示尖端放电现象，加深对静电平衡状态下导体上的电荷分布和尖端放电原理的理解.

【实验装置】

实验装置与演示效果见图 3.1.6.

图 3.1.6　电风吹烛装置与演示效果图

【实验原理】

孤立导体处于静电平衡时,导体所带电荷只能分布在表面上,表面的面电荷密度与曲率有关,曲率越大处,面电荷密度也越大,根据静电场的高斯定理,电场强度就越强.

对于具有尖端的带电导体,尖端的曲率最大,尖端处的面电荷密度也最大,尖端周围附近的电场强度很强.尖端周围空气中原来散存的带电粒子,在强电场作用下做加速运动而获得足够大的能量,以致它们和空气分子碰撞时,使空气分子电离成电子和离子,这些带电离子再与其他空气分子碰撞,又产生更多的带电离子,这样,尖端附近的空气中就存在着大量的带电粒子.这些带电粒子中,与尖端电荷异号的,将受吸引飞向尖端,将尖端上的电荷中和,与尖端上电荷同号的将受排斥而飞向远方,就好像尖端上的电荷被不断地从尖端喷射出来一样,故称为尖端放电.实验中,若在带电尖端导体附近放置一支点燃的蜡烛,尖端放电形成的"电风"就会把蜡烛火焰吹向一边,甚至吹灭.

【操作与效果】

(1)将接头为鳄鱼钳的一根导线的一端钳住韦氏起电机的一个极板,另一端钳住立杆的金属头.

(2)点燃蜡烛,并将立杆上的金属尖端对准蜡烛火焰的中部偏上.

(3)转动韦氏起电机的手柄发电,当电量积累到一定程度时可看到蜡烛火焰被"吹"得向外侧倾斜.

(4)停止转动韦氏起电机的手柄,熄灭蜡烛.

(5)对韦氏起电机进行人工放电. 重复步骤(1)～(4)，但令导线钳住韦氏起电机的另一个集电杆，观察蜡烛火焰的倾斜方向.

(6)将韦氏起电机放电，取下与韦氏起电机相连的导线.

【注意事项】

(1)每一次操作前都要注意先把韦氏起电机放电，实验完成后要用集电杆放电；

(2)操作时，身体尽量远离操作台，放完电前不要触及所有金属导体，避免被电击.

【思考题】

(1)生活中类似尖端放电的例子很多，举例并说明其放电原理.

(2)为什么高压输电的导线一般采用表面光滑的粗导线，高压设备也必须把金属部件都做成光滑的球形表面呢？

实验 4   电介质对电容的影响

【实验目的】

演示电介质和极板间距对平行板电容器电容的影响，加深对电容器电容的理解，了解电介质的极化.

【实验装置】

实验装置与演示效果见图 3.1.7.

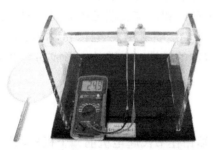

图 3.1.7   电介质对电容的影响演示装置与演示效果图

【实验原理】

两个靠近而又相互绝缘的导体组成的系统就是一个电容器. 电容器是储存电荷和电能的元器件. 反映电容器储存电荷能力的物理量是电容，电容器电容的大小取决于电容器极板的形状、大小、相对位置以及极板间电介质的性质.

当一个平行板电容器两极板间的介质为空气或真空时, 电荷面密度为 σ 的两极板间的电场强度 $E = \dfrac{\sigma}{\varepsilon_0}$, 两极板间的电压 $U = Ed = \dfrac{\sigma d}{\varepsilon_0} = \dfrac{Qd}{S\varepsilon_0}$, 此时电容器的电容为 $C = \dfrac{Q}{U} = \dfrac{\varepsilon_0 S}{d}$, 其中 S 是极板面积, d 为板间距离. 如果在两极板之间充满相对介电常量为 ε_r 的电介质, 电介质会被电场极化, 产生束缚电荷, 束缚电荷产生的电场强度的方向与原电场方向相反, 这时两极板间的电场强度减小为 $E' = \dfrac{\sigma}{\varepsilon_0 \varepsilon_r}$, 两极板间的电压 $U' = E'd = \dfrac{\sigma d}{\varepsilon_0 \varepsilon_r} = \dfrac{Qd}{S\varepsilon_0 \varepsilon_r}$, 此时电容器的电容增大为 $C' = \dfrac{Q}{U'} = \dfrac{\varepsilon_0 \varepsilon_r S}{d} = \varepsilon_r C$.

该演示装置中所用电介质为直径 200mm、厚度 5mm 的有机玻璃板; 两极板为直径 200mm、厚度 2mm 的铝板, 两极板固定在支架上, 支架可在滑动轴上左右移动, 也可拧紧固定螺丝固定其位置. 将电容表与电容器的两极板相连, 可给两极板充电, 并可显示出电容器的电容大小.

【操作与效果】

(1)将电容器的两极板接在电容表上, 并使两极板相距一定距离, 打开电容表, 读出电容器的电容.

(2)保持两极板间的距离和正对面积不变, 周围环境不变, 将电介质插入两极板间, 再次读出电容表上电容器的电容, 发现两极板间的电容增大.

(3)从两极板间移出电介质, 保持两极板间的正对面积不变, 调整两极板间的距离, 拧紧固定螺丝, 读出电容表的读数; 保持两极板间距离不变, 再次将电介质插入两极板间, 读出电容表上电容器的电容. 比较两次读数大小.

(4)关闭电容表, 归并仪器.

【注意事项】

不要接错电容表接线柱.

【思考题】

(1)如何利用电容器及电容表测其他电介质的相对介电常量?

(2)影响电容器电容的因素有哪些?

(3)什么是电介质? 什么是电介质的极化现象? 极化的机理有哪些?

(4)电容器是电子设备中最常用的元器件之一, 在电路中, 它被广泛应用于隔直流通交流、耦合、滤波、调谐回路、能量转换、控制等方面, 找一个电子设备, 找到其中的电容器, 读出电容器的参数, 思考其有哪些作用呢?

实验 5　圆电流轴线上的磁场模型

【实验目的】

　　模拟圆电流上电流元产生磁场的方向，了解圆电流产生磁场的空间对称性，学习定量计算圆电流轴线上任一点的磁场，加深对毕奥-萨伐尔定律的理解.

【实验装置】

　　实验装置如图 3.1.8 所示.

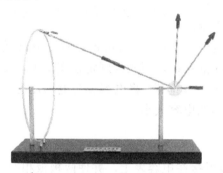

图 3.1.8　圆电流磁场模型装置图

【实验原理】

　　根据毕奥-萨伐尔定律 $\mathrm{d}\boldsymbol{B} = \dfrac{\mu_0}{4\pi}\dfrac{I\mathrm{d}\boldsymbol{l} \times \boldsymbol{r}_0}{r^2}$，圆电流上任一电流元 $I\mathrm{d}\boldsymbol{l}$ 在轴线上距离该电流元为 r 的 P 点处产生的磁感强度 $\mathrm{d}\boldsymbol{B}$ 的大小为

$$\mathrm{d}B = \frac{\mu_0}{4\pi}\frac{I\mathrm{d}l}{r^2}\sin\theta$$

式中 θ 是电流元 $I\mathrm{d}\boldsymbol{l}$ 与位矢方向 $\boldsymbol{r}_0$ 之间的夹角. 圆电流上各电流元 $I\mathrm{d}\boldsymbol{l}$ 在 P 点产生的磁感强度 $\mathrm{d}\boldsymbol{B}$ 分布在以 P 点为顶点的圆锥面上. 由于对称性，圆电流上所有电流元产生的各个 $\mathrm{d}\boldsymbol{B}$ 在垂直于轴线方向的所有分量相互抵消，只剩轴线分量，故圆电流在轴线上任一点 P 处产生的磁感强度 $\mathrm{d}\boldsymbol{B}$ 的方向沿轴线方向.

　　模型中，圆环代表电流，圆环上可移动的箭头代表电流元 $I\mathrm{d}\boldsymbol{l}$；电流元到圆电流轴线上任一点 P 的连线上的箭头代表点 P 相对电流元 $I\mathrm{d}\boldsymbol{l}$ 的位矢 $\boldsymbol{r}$ 的方向；电流元 $I\mathrm{d}\boldsymbol{l}$ 在点 P 产生的磁感强度 $\mathrm{d}\boldsymbol{B}$ 的方向垂直于电流元和位矢所确定的平面，圆电流上不同位置处的电流元在 P 点产生的磁感强度的方向不同. 各电流在 P 点处产生的磁感强度都可以分解为沿轴线方向的一个分量和垂直于轴线方向上的一个分量. 由于圆电流的轴对称性，垂直于轴线方向上的磁场分量互相抵消，因此 P 点处的合磁感强度的方向沿轴线方向. 同样，轴线上其他位置处的磁感强度的方向也沿轴线方向.

【操作与效果】

(1)观察模型，根据毕奥-萨伐尔定律，利用右手螺旋定则，体会圆电流上任一位置处的电流元 Idl（圆环上的箭头）在轴线上任一点 P 处产生的磁感强度 $d\boldsymbol{B}$ 的方向（连线上的箭头），并写出 $d\boldsymbol{B}$ 的大小.

(2)改变圆电流上箭头的位置，即改变电流元 Idl 的位置，体会圆电流上不同位置处的电流元在轴线上 P 点处产生的磁感强度的方向和大小.

(3)体会圆电流上各处电流元在 P 点处产生的 $d\boldsymbol{B}$ 关于轴线的对称性分布.

(4)根据磁感强度的叠加原理和磁感强度的对称性分布，体会圆电流在轴线上 P 点处产生的合磁感强度的方向是沿轴线方向的.

(5)学习定量计算圆电流在轴线上任一点产生的磁场的磁感强度的大小和方向.

【注意事项】

(1)模型上的箭头方向不能装反；

(2)注意各个矢量的方向关系，正确使用右手螺旋定则判断磁感强度的方向.

【思考题】

圆电流在其轴线上产生的磁感强度的方向和大小与哪些物理量相关？

实验 6　动态磁滞回线

【实验目的】

用示波器观察铁磁材料在磁化过程中的磁滞回线，比较不同铁磁材料的磁滞回线，了解铁磁质的磁滞特性.

【实验装置】

实验装置如图 3.1.9 所示.

【实验原理】

磁感强度 $\boldsymbol{B}$ 与磁场强度 $\boldsymbol{H}$ 的关系为 $\boldsymbol{B}=\mu\boldsymbol{H}$ ，其中 μ 是材料的磁导率. 对于铁磁材料，$\mu\gg\mu_0$ ，μ_0 为真空的磁导率. 铁磁材料是磁导率很大的材料，且 μ 不是常数，铁磁材料具有磁滞现象.

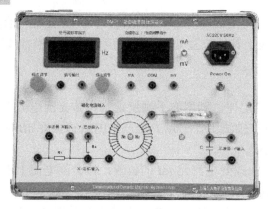

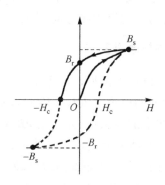

图 3.1.9 动态磁滞回线实验演示装置图   图 3.1.10 磁滞回线原理图

如图 3.1.10 所示，使铁磁材料沿起始磁化曲线从 O 达到磁饱和状态 B_s，这时如果缓慢减小 H 值，B 值也随之减小，但是 B 值并不沿原曲线 B_sO 返回，而是沿着 B_sB_r 曲线减小. 当 $H=0$ 时，B 不等于 0，而是具有一定的值 B_r，这说明磁化后的铁磁材料在去掉外磁场后仍保留有磁性，即有剩磁. 要消除剩磁，必须加反向磁场，当反向磁场强度达到 $-H_c$ 时，$B=0$，H_c 称为矫顽力. 继续增加反向磁场强度，直到材料达到反向磁饱和状态 $-B_s$. 然后再逐渐减小反向磁场强度到零，铁磁材料达到 $-B_r$ 所代表的反向剩磁状态. 这时改变磁场强度方向并使其逐渐增大，铁磁材料又会经过 H_c 表示的状态回到原来的饱和状态，形成闭合的 B-H 曲线，称为磁滞回线. 由闭合曲线可知，B 的变化总是落后于 H 的变化，这种现象称为磁滞现象. 不同的铁磁材料具有不同的磁滞回线，主要是磁滞回线的宽度不同，矫顽力大小不同.

本实验通过示波器把铁磁材料的磁滞回线显示出来. 将铁磁材料样品制成闭合的环形，其上均匀地绕以磁化线圈 N_1 及副线圈 N_2. 交流电压 u_1 加在磁化线圈上，线路中串联电阻 R_1，将 R_1 两端的电压 u_1 加到示波器的 X 输入端；副线圈 N_2 与电阻 R_2 和电容 C 串联成回路，电容 C 两端的电压 u_C 加到示波器的 Y 输入端. 设环状铁磁材料的平均周长为 L，横截面积为 S. 示波器的 X 输入 u_1 与磁场强度 H 成正比，$u_1 = \dfrac{R_1 L}{N_1} H$，示波器的 Y 输入在一定条件下与磁感强度成正比，$u_C = \dfrac{N_2 S}{R_2 C} B$. 这样，在磁化电流变化的一个周期内，示波器将描绘出一条完整的磁滞回线，从而可观察到待测铁磁材料样品的磁滞回线.

根据铁磁材料磁滞回线的矫顽力和剩磁，可把铁磁材料分为软磁材料(图 3.1.11)、硬磁材料(图 3.1.12)、矩磁材料(图 3.1.13)等. 软磁材料的矫顽力较小，磁滞回线呈细长形，在交变磁场中剩磁易消除，适用于继电器、变压器、电机以及各种高频电磁元件的磁芯等. 硬磁材料矫顽力较大，磁滞回线较宽粗，适用于制作永久磁铁等. 矩磁材料的磁滞回线呈矩形,剩磁接近饱和磁感强度,适用于制作"记忆"元件.

图 3.1.11　软磁材料　　　　图 3.1.12　硬磁材料　　　　图 3.1.13　矩磁材料

【操作与效果】

(1)将动态磁滞回线实验仪与示波器连接,逆时针调节实验仪"幅度调节"旋钮到底,使信号输出最小,调节示波器工作方式为 X-Y, X 输入为 AC 方式, Y 输入为 DC 方式.

(2)将铁磁材料样品插入实验仪样品架.

(3)接通示波器和实验仪电源,适当调节示波器辉度,以免荧光屏中心受损,然后预热 10min.

(4)调节示波器光点至显示屏中心,调节实验仪"频率调节"旋钮,使频率为 25Hz.

(5)顺时针缓慢调节实验仪"幅度调节"旋钮,使示波器显示的磁滞回线上 B 值缓慢增加,达到饱和.改变示波器上 X、Y 输入增益波段开关和增益电位器,示波器显示典型美观的磁滞回线图形.

(6)逆时针缓慢调节"幅度调节"旋钮,直到示波器最后显示为一点,位于显示屏的中心,即 X 和 Y 轴线的交点.如不在中间,可调节示波器的 X 和 Y 位移旋钮.

(7)换用其他实验样品,重复操作(2)～(6),观察并比较不同磁滞材料的磁滞回线形状.

【注意事项】

(1)换用其他样品时,要先关掉实验仪和示波器的电源开关;

(2)将样品插入实验仪样品架后,要先退磁;

(3)示波器在 X-Y 工作方式时,若无信号输入,荧光屏将只有一个亮点,要适当调节示波器辉度,以免荧光屏上该亮点处受损.

【思考题】

(1)实验中如何选取 H 信号和 B 信号完成对磁滞回线的描绘？如何解决两信号同步的问题？

(2)根据铁磁材料矫顽力的大小，把铁磁材料分为软磁材料和硬磁材料，思考它们有什么特点和应用呢？

实验 7　超导磁悬浮列车

【实验目的】

演示超导体的磁悬浮和磁倒挂现象，加深对超导体电磁特性的理解.

【实验装置】

实验装置如图 3.1.14 所示.

图 3.1.14　超导磁悬浮列车演示仪

【实验原理】

某些物质在温度降低到某一临界温度以下时会变成超导体，超导体具有零电阻性和完全抗磁性，即超导体的直流电阻为零，内部完全无磁场.

由于超导体的完全抗磁性，当将一个永磁体靠近超导体表面时，由于磁感线不能进入超导体内，所以在超导体表面就形成很大的磁通密度梯度，感应出高临界电流，从而对永磁体产生排斥力. 排斥力随着相对距离的减小而逐渐增大，当超导体在永磁体的上方与永磁体间的距离小到某一高度时，它们之间的排斥力等于超导体的重力，超导体就悬浮在永磁体上方；当超导体远离永磁体移动时，在超导体中产生一负的磁通密度，感应出反向的临界电流，对永磁体产生吸引力，当超导体在永磁体的下方达到一定距离时，它们间的引力可克服超导体的重力，使其倒挂在永磁体下方某一位置上.

实验装置由两部分组成：磁导轨支架和磁导轨. 其中磁导轨是用椭圆形低碳钢板作磁轭，铺以三排钕铁硼永磁体，形成环形磁性导轨，内环和外环取同向磁性，中环与内外环的磁性方向相反，这样沿环形成一个磁通的环形狭谷，超导体在狭谷中运动不会因拐弯而被甩出.

实验所用超导体样品为含 Ag 的 YBaCuO 系高温超导体，其在液氮温度 77K(−196℃)下呈现出超导性. 其临界转变温度为 90K 左右(−183℃).

【操作与效果】

演示 1　演示磁悬浮

(1)将超导样品放入液氮中浸泡 3～5min，使超导材料由正常态转变为超导态.

(2)用竹夹子将超导体夹出放在磁导轨的中央，使其悬浮在 10mm 高度处保持稳定.

(3)沿轨道水平方向轻推超导体，则超导体沿磁导轨做周期性水平运动，当超导体的温度高于临界温度(大约 90K)时，样品落到轨道上.

演示 2　演示磁倒挂

(1)再次将超导样品放入液氮中浸泡 3～5min，使超导材料由正常态转变为超导态.

(2)把磁导轨定位销拔掉，将其翻转 180°，使导轨朝下，再将定位销插上.

(3)用竹夹子将超导体夹出，放到轨道下方，推到距轨道 10mm 处，使其倒挂并保持稳定.

(4)沿水平方向轻推超导体，则超导体沿磁导轨下方运动，转动数圈后落下，这时用物体将超导体接住.

(5)实验完毕，将超导体和液氮保存好.

【注意事项】

(1)超导体样品放入液氮和从液氮中取出时，由于液氮温度极低，要注意安全，小心伤手，也不要使液氮溅到皮肤上，以免被冻伤；

(2)超导体样品放入液氮中，必须充分冷却直至液氮中无气泡为止；

(3)演示时，超导体样品一定用竹夹子夹住，不要掉在地上，以免摔碎；

(4)演示时，沿水平方向轻推样品，速度不能太大，否则样品将沿直线冲出轨道；

(5)演示倒挂时，当样品运动一段时间后，由于温度升高，样品失去超导性将下落，这时需用物体接住它，以免摔坏；

(6)超导块最好保存在干燥箱内，防止受潮脱落.

【思考题】

实验中如何维持磁悬浮列车的平衡？

实验 8　电磁感应现象

【实验目的】

演示电磁感应现象，加深对法拉第电磁感应定律的理解.

【实验装置】

实验装置如图 3.1.15 所示，其演示效果见图 3.1.16.

图 3.1.15　电磁感应现象演示装置图　　　　图 3.1.16　演示效果图

【实验原理】

当穿过闭合导体回路的磁通量发生变化时，回路中有电流产生，这种现象称为电磁感应现象，产生的电流称为感应电流，相应的电动势称为感应电动势. 由磁通量 $d\Phi_m = BdS\cos\theta$ 可知，当闭合回路中的磁感强度 B、回路面积 S 大小以及它们的夹角 θ 三者中任一量发生变化时，都会引起磁通量变化.

法拉第电磁感应定律

$$\varepsilon_i = -N\frac{d\Phi_m}{dt}$$

式中，N 为线圈匝数，Φ_m 为通过单匝线圈的磁通量，负号是楞次定律的反映. 楞次定律告诉我们，回路中感应电流的方向，总是使得它所激发的磁场去阻碍引起感应电流的磁通量的变化. 由楞次定律可确定回路中感应电流及感应电动势的方向.

由法拉第电磁感应定律可知，磁通量变化越快，则回路中的感应电流就越大，反之则越小. 本实验主要通过向大线圈中插入或拔出条形磁铁，以及插入通电小线圈，改变插入或拔出速度等方式，来改变大线圈中的磁感强度，从而改变穿过大线圈中的磁通量的大小及其变化快慢，产生电磁感应现象. 大线圈中的磁感强度变化越快，则产生的感应电流和感应电动势就越大，与大线圈相连的电表的指针偏转得就越明显.

电磁感应广泛应用于我们的生活、工作、军事设备等各个领域中，其是发电机、感应马达、变压器和大部分其他电力设备的基础.

【操作与效果】

(1)用两根导线，将大线圈两端分别与电表的"M"接线端子和"G"接线端子连接.

(2)将条形磁铁插入大线圈时，观察电表指针，发现指针向一个方向发生偏转；如将条形磁铁反方向插入，则电表指针向相反方向偏转. 反复操作，观察电表指针的偏转情况.

(3)改变条形磁铁插入和拔出大线圈的速度，观察电表指针偏转的快慢. 当条形磁铁插入和拔出大线圈的速度较快时，即大线圈中的磁通量变化较快时，可观察到电表指针偏转得较大，产生的感应电动势和感应电流较大，反之，则较慢. 当条形磁铁放在线圈中不动时，电表指针变为零，即线圈中的磁通量不变时，感应电动势为零，这刚好定性验证了法拉第电磁感应定律. 反复操作，观察电表指针的偏转情况.

(4)将小线圈与电源正负极连接，打开电源，调到适当电压，如 15V 左右. 将通电后的小线圈替代条形磁铁插入大线圈，重复操作(2)，观察并对比电表指针的偏转情况，发现通电小线圈也可使电表指针发生偏转，但偏转的角度相对较小. 改变通电小线圈插入大线圈的速度，观察并对比电表指针的偏转情况.

(5)将通电后的小线圈插上软铁棒，再插入大线圈，观察并对比电表指针的偏转情况，可观察到电表指针发生偏转，且偏转的角度比无铁芯时大，重复该操作.

(6)将供给小线圈的直流电源换向，重复操作(4)和(5)，可观察到电表指针偏转方向相反.

(7)关闭电源，将软铁棒插入小线圈，并一起放入大线圈内. 打开电源，可看到电表指针发生偏转后回到零位，然后再关闭电源，看到电表指针反向偏转后回到零位，重复该步骤.

(8)实验完毕，关闭电源，归并好仪器.

【注意事项】

(1)线圈容易损坏，注意安全；

(2)小线圈直流电压不能过高，连续通电不得超过 30min，否则会烧坏线圈.

【思考题】

(1)感应电流产生的条件是什么？感应电流的大小与哪些因素有关？

(2)为什么小线圈中有软铁棒时，表头指针偏转较大？

(3)在进行操作(2)时，你能否判断出感应电动势或感应电流的大小和方向，若大线圈连接电表的导线有一处断了，大线圈中还有没有电磁感应现象？

实验9 涡流管

【实验目的】

演示强磁块通过竖直放置的铜管时受到的阻碍作用，理解铜管中磁通量变化产生的电磁感应现象，了解涡电流与磁场的相互作用.

【实验装置】

实验装置如图 3.1.17 所示.

【实验原理】

当穿过闭合导体回路的磁通量发生变化时，回路中有电流产生的现象称为电磁

图 3.1.17　涡流管演示仪

感应现象. 感应电流的方向遵循楞次定律，即：感应电流的方向，总是使得它所激发的磁场去阻碍引起感应电流的磁通量的变化. 根据楞次定律，当一个磁块与一个固定线圈有相对运动时，线圈中会产生感应电流，并且感应电流产生的磁场与磁块的磁场相互作用，使线圈总是阻碍磁块的运动，当磁块靠近线圈时，线圈给磁块排斥力，阻碍它靠近，当磁块远离线圈时，又给它吸引力阻碍它远离.

涡流管为铜管，铜管可看作由一个个的导体线圈组成. 当强磁块在竖直放置的铜管中下落时，相当于依次通过一个个的导体线圈，因此会在铜管中产生感应电流，即涡电流. 根据上面的分析，强磁块下落过程中，铜管将给强磁块阻力，阻碍其向下运动，所以强磁块下落得较慢.

【操作与效果】

(1)手持涡流管(铜管)，使涡流管处于竖直位置，将无磁性的金属块放入管的上口，可看到它很快就从下口掉出.

(2)将具有强磁性的强磁块放入涡流管的上口，看到它经过大约 10s 才从下口掉出.

(3)反复进行(1)、(2)操作，比较无磁性的金属块与强磁块在涡流管中的运动情况.

(4)分析强磁块从涡流管中下落较慢的原因.

【注意事项】

(1)强磁块比较脆,当其在涡流管中下落时,要使它掉落在厚垫子上,以免落地时损坏或退磁;

(2)无磁性的金属块在涡流管中下落时也要使其掉落在厚垫子上,以免砸坏东西或滚落一边;

(3)注意保存强磁块和金属块,以免损坏或丢失.

【思考题】

(1)为什么会产生涡电流?涡电流与磁铁的相互作用原理是什么?

(2)涡电流在工业上和生活中都有广泛应用,如工业上用于高温冶金,实时监控轧钢(铅等金属)板厚度、阻尼摆等,生活上用于电磁炉等,请思考它们是怎样利用涡电流工作的.

实验 10　涡流热效应

【实验目的】

演示感应涡电流产生的热效应,加深对互感现象的理解以及对涡电流加热的认识.

【实验装置】

实验装置如图 3.1.18 所示,其演示效果见图 3.1.19.

图 3.1.18　涡流热效应演示仪

图 3.1.19　演示效果图

【实验原理】

根据法拉第电磁感应定律,当穿过闭合导体回路中的磁通量发生变化时,回路中就会产生感应电动势,如果回路的电阻较小,则回路中产生的感应电流就较大. 在大块导体中，感生电场呈涡旋状，感应电流也呈涡旋状，故称为涡电流. 涡电流可使导体产生焦耳热.

涡流热效应演示仪的结构如图 3.1.20 所示. 接通交流电源开关⑤，压下初级线圈开关⑥，将 220V、50Hz 的交流电接入匝数很高的初级线圈中，在初级线圈中会产生交变磁场，从而"口"字形磁轭中产生很高的交变磁场，该交变磁场的磁感线穿过铝锅产生互感电动势，由于铝锅电阻很小，因此产生很大的感应电流，即涡电流. 很大的涡电流在铝锅中产生很大的焦耳热，足以使铝锅在几分钟内达到数百度，铝锅内的水在几分钟内沸腾起来，或使铝锅内的石蜡在几分钟内熔化.

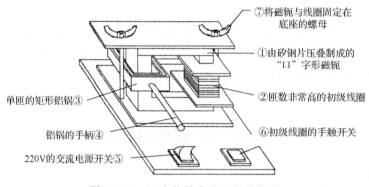

图 3.1.20　涡流热效应演示仪结构图

⑦将磁轭与线圈固定在底座的螺母
①由矽钢片压叠制成的"口"字形磁轭
②匝数非常高的初级线圈
⑥初级线圈的手触开关
单匝的矩形铝锅③
铝锅的手柄④
220V的交流电源开关⑤

电磁炉、冶炼金属用的真空冶炼炉都是利用的涡流热效应原理.

【操作与效果】

(1)将矩形铝锅③置在"口"字形磁轭的左端，旋紧螺母⑦将磁轭固定在底座上.

(2)将电源线连上插座，并将少量的水倒入铝锅中.

(3)接通交流电源开关⑤后，手指一直按压住初级圈开关⑥，几分钟后可观察到铝锅中的水沸腾起来，产生大量的水蒸气，此时，停止按压初级线圈开关⑥，关掉电源开关⑤.

(4)等水冷却后，仪器侧翻将铝锅中的水倒出来，或松开螺母⑦，取出铝锅，将水倒掉.

【注意事项】

(1)单匝铝锅电阻很小，因而输出开关⑥只能短时间合上，观察到实验现象后，就停止按压开关⑥，否则电流太大会烧坏线圈；

(2)通电后铝锅非常热，手不要碰到铝锅，以免烫伤.

【思考题】

(1)微波炉中食物的加热原理与涡电流的热效应相同吗？

(2)涡电流在生产生活中有哪些应用呢？

(3)涡电流在很多情况下是有害的，如变压器，处于交变磁场中的铁芯会因涡流而发热，不仅浪费了电能，而且发热会使铁引起导线绝缘性能下降，甚至造成事故. 如何减小涡电流的危害呢？

实验 11 互 感 现 象

【实验目的】

演示线圈相对位置以及铁芯对互感系数的影响，了解互感线圈传递信息的原理.

【实验装置】

实验装置如图 3.1.21 所示.

图 3.1.21   互感概念演示仪

【实验原理】

如果两个线圈靠得较近，当一个线圈中的电流发生变化时，在另一个线圈中产生感应电动势的现象称为互感现象. 两线圈的互感程度与两线圈之间的距离、相对位置、周围磁介质的分布、线圈中有无铁芯等因素有关. 当两个线圈靠得很近且正对时，通电线圈中的电流产生的磁场的磁感线几乎全部通过另一个线圈，互感最强；当给线圈中插入铁芯时，互感大大增强.

互感概念演示仪的装置图中分别为互感初级线圈、互感次级线圈、收音机、音响、铁芯和音频连接线. 该实验通过演示无线通信，来揭示线圈间的互感现象.

互感现象广泛应用在电子技术领域，通过互感，线圈可以将电信号由一个线圈传递给另一个线圈，实现无线通信，也可以将能量由一个线圈传递给另一个线圈，实现无线充电等.

【操作与效果】

(1)用音频连接线将初级线圈与收音机的输出端(耳机孔)相连,次级线圈与音响的输入端相连,如图 3.1.21 所示.

(2)把两线圈放在同一直线上,相距 10~20cm.

(3)给音响通电并打开音响,放大音量,从音响中听不到任何声音.

(4)给收音机通电并打开收音机,播放音乐,音响中播放出了与收音机一样的音乐. 这是因为两线圈发生了互感现象,将收音机的电信号通过两个互感线圈传给了音响播放了出来,实现了简单的无线通信.

(5)将两线圈移近,音响放出的音乐声音增大,移远则减小.

(6)将铁芯插入线圈中,声音明显增大,拔出铁芯,声音恢复原来大小.

(7)将两线圈垂直放置,声音减小,至消失. 说明这种情况下两线圈的互感最弱.

(8)随意改变两线圈的相对位置和方向,观察两线圈的互感情况.

(9)关闭收音机和音响,并断电,归并仪器.

【注意事项】

将音频连接线与线圈相连时,注意不要插错孔.

【思考题】

(1)如何利用互感现象解释变压器的工作原理?

(2)举例说明互感现象在生活中和军事上有哪些应用与危害.

实验 12 电 磁 炮

【实验目的】

演示利用电磁力加速弹丸的电磁发射系统,理解通电线圈之间的互感现象,以及由于互感产生的线圈之间的磁场相互作用.

【实验装置】

实验装置如图 3.1.22 所示.

图 3.1.22 电磁炮装置图

【实验原理】

当线圈 1 中的电流发生变化时在其附近的另一个线圈 2 中产生感应电流的现象称为互感现象. 当线圈 1 中的电流增加时, 两线圈的磁场之间的作用力为排斥力; 当线圈 1 中的电流减小时, 则为吸引力.

电磁炮是利用电磁力加速弹丸的电磁发射系统, 它主要由电源、高速开关、加速装置和炮筒四部分组成. 电磁炮的炮筒中固定有两个线圈, 称为加速线圈, 弹丸内部有一个线圈, 外层为金属壳. 将弹丸放入炮筒尾部的线圈中时, 给线圈通上交流电或脉冲电, 由于互感, 弹丸里的线圈中将产生感应电流, 感应电流的磁场与加速线圈电流的磁场方向相反, 给弹丸以排斥力, 推动弹丸在炮筒中加速运动, 当弹丸离开尾部线圈进入前部的线圈时, 前部线圈又通上交流电或脉冲电, 同理, 弹丸再次受到排斥力作用而再次被加速, 从而从炮筒中飞射出去. 加速线圈与金属弹丸的相互作用, 相当于两个磁体间的相互作用, 既可以是斥力也可以是引力, 既可以使弹丸加速, 也可以使弹丸减速, 所以, 在设计装置时, 必须保证弹丸在整个发射过程中, 两个线圈产生的磁场与弹丸的位置精确同步, 始终给弹丸以斥力.

【操作与效果】

(1) 接通电源, 打开电源开关, 给线圈提供交流电.
(2) 将弹丸放入炮筒尾部, 按下启动按钮发射弹丸, 弹丸打中接收靶.
(3) 重复步骤 (2) , 分析影响弹丸飞行远近的因素有哪些.
(4) 关闭电源, 结束实验.

【注意事项】

(1) 不要靠近目标靶, 以小心弹丸高速打在目标靶上发生反弹时造成误伤;
(2) 不要长时间频繁通电, 防止线圈发热过度, 影响使用寿命;
(3) 不用时请将总电源插头拔掉, 切断电源.

【思考题】

决定弹丸射程的因素有哪些? 若想提高射程需要对仪器进行哪些改造?

实验 13　磁铁对通电直导线的作用力

【实验目的】

演示载流直导线在磁场中的受力情况, 加深对安培力的理解.

【实验装置】

实验装置如图 3.1.23 所示.

图 3.1.23　磁铁对通电直导线作用力演示仪

【实验原理】

通电导线在磁场中运动时会受到磁场给它力的作用，这个力称为安培力．安培定律告诉我们电流元 $I\mathrm{d}\boldsymbol{l}$ 在磁感强度为 $\boldsymbol{B}$ 的磁场中受到的安培力为 $\mathrm{d}\boldsymbol{F}=I\mathrm{d}\boldsymbol{l}\times\boldsymbol{B}$．对于直导线在均匀磁场中运动时，其受到的安培力为 $\boldsymbol{F}=I\boldsymbol{L}\times\boldsymbol{B}$，可见，力、电流和磁场三者的方向遵从右手螺旋定则，而力的大小为 $F=ILB\sin\theta$，θ 为 $I\boldsymbol{L}$ 与 $\boldsymbol{B}$ 的夹角．本实验中磁场 $\boldsymbol{B}$ 的方向为竖直方向，θ 为 $90°$，导线垂直导轨放置，因此给导线通电后，导线受到的安培力方向与导轨平行．安培力在生活和军事武器等领域中都有广泛的应用.

【操作与效果】

(1)将导线放到导轨一侧，仪器调节水平，使导线与导轨接触良好.

(2)接通电源，按下电流开关，直导线通上电流后可观察到导线沿导轨向另一侧运动.

(3)按下电流换向开关，改变导线中电流方向，可观察到导线沿导轨反方向运动.

(4)重复步骤(2)和(3)，多次观察载流直导线在磁场中的受力情况，并总结载流直导线中电流方向、磁场方向与安培力方向三者的关系.

(5)实验结束，关闭电源.

【注意事项】

(1)实验过程中，实验者勿触碰通电直电流；

(2)接通电源的时间要短，防止烧坏电源.

【思考题】

(1) 分析安培力是否做功.

(2) 分析安培力的反作用力, 并设计实验验证.

(3) 安培力的本质是什么?

3.2 演示室实验

实验 14 范氏起电机

【实验目的】

演示导体带电时的静电特性和尖端现象, 了解范氏起电机的工作原理.

【实验装置】

实验装置和原理如图 3.2.1 所示.

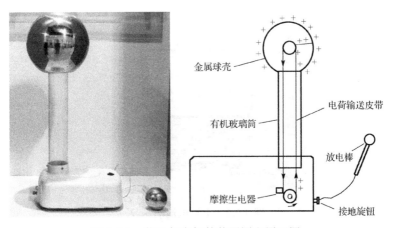

图 3.2.1 范氏起电机的装置图和原理图

【实验原理】

在范氏起电机的下部有一个摩擦起电器, 它产生的电荷被电荷输送皮带源源不断地带到上部的金属球壳内, 利用尖端放电效应和电荷具有分布在导体表面的特性, 电荷不断向金属球壳表面转移, 因此经过一段时间的不断积累, 金属球壳表面相对地会产生出数千伏到上万伏的高压. 用与"地"相连的放电棒接近上部的金属球壳, 可以与之产生电弧放电. 金属球壳的电压越高, 放出的电弧越大.

【操作与效果】

实验前要先把接地旋钮与放电棒连接好,然后打开范氏起电机电源,等过一段时间后金属球壳外表积累了大量的电荷时再进行放电实验.

【注意事项】

(1)范氏起电机工作时,上部的金属球带有高压电,切不可用手去摸,以防触电;

(2)仪器关机后必须用放电棒给球壳放电.

实验 15　手 触 电 池

【实验目的】

演示手触电池产生电流的现象,理解化学能原电池通过氧化还原反应把化学能转换为电能的工作原理.

【实验装置】

实验装置如图 3.2.2 所示.

图 3.2.2　手触电池演示仪

【实验原理】

在原电池中,由两种不同金属构成的电极浸入电解质中,因其化学活性不同,因此在电解质溶液中的较活泼金属会发生氧化反应,使电子流出成为负极,而较不活泼的金属或能导电的非金属会发生还原反应,使电子流入成为正极.当人的手按在铜、铝两个手模上时,因手汗中含有电解质,这就与铜、铝两个电极之间形成了一个原电池.因铜的化学活泼性比铝差,所以铜电极就成为正极,铝电极成为负极,在此两电极间接一个灵敏电流表,就可以观察到"手触电池"产生的电流.

【操作与效果】

把双手分别按在金属手模上, 观察电流计指针的偏转情况. 改变两电极的方向, 再观察电流表指针的偏转方向.

【注意事项】

进行此实验时手上的皮肤不能过于干燥, 最好能有一些手汗.

实验 16　辉 光 球

【实验目的】

演示辉光球在高频强电场中的辉光放电现象, 加深对气体分子激发、碰撞、电离、复合等物理过程的认识.

【实验装置】

实验装置如图 3.2.3 所示.

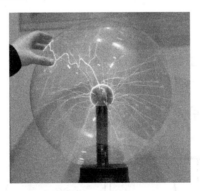

图 3.2.3　辉光球演示仪

【实验原理】

辉光球又称为电离子魔幻球. 它在一个高强度玻璃球壳内充有稀薄的惰性气体 (如氩气等), 玻璃球中央有一个黑色球状电极. 球的底部有一块振荡电路板, 通过电源变换器, 将 12V 低压直流电转变为高频的高压电加在电极上. 通电后, 振荡电路产生高频电压电场, 由于球内稀薄气体受到高频电场的电离作用而光芒四射, 产生神秘色彩. 由于电极上电压很高, 故所发出的光是一些辐射状的辉光, 绚丽多彩, 光芒四射, 在黑暗中非常好看.

辉光球工作时,在球中央的电极周围形成一个类似于点电荷的场. 当用手(人与大地相连)触及球时,球周围的电场、电势分布不再均匀对称,故辉光在手指的周围处变得更为明亮,产生的弧线顺着手的触摸移动而游动扭曲,随手指移动起舞.

辉光放电是一种低气压放电现象,工作压力一般都低于10MPa,在电场的作用下,利用其产生的电子将中性原子或分子激发,而被激发的粒子由激发态跃迁到基态时会以光的形式释放出能量.

辉光放电的主要应用是利用其发光效应(如霓虹灯、日光灯)以及正常辉光放电的稳压效应(如氖稳压管). 利用辉光放电的正柱区产生激光的特性,可制作氦氖激光器.

【操作与效果】

(1)打开辉光球电源,观察辐射状的辉光.

(2)用手指触及辉光球表面,观察辉光随手指移动而游动的现象.

【注意事项】

在实验过程中,不要用手或硬物敲打玻璃壳,以免造成损坏.

实验 17　避　雷　针

【实验目的】

演示尖端放电现象,了解避雷针的工作原理.

【实验装置】

实验装置如图 3.2.4 所示.

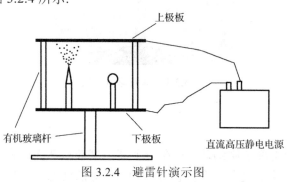

上极板

有机玻璃杆　　下极板　　直流高压静电电源

图 3.2.4　避雷针演示图

【实验原理】

如图 3.2.4 所示,尖端代表避雷针,圆球代表建筑物. 带电导体表面处的场强与电荷面密度成正比,因此在导体表面上曲率较大的地方,场强也比较大. 对于具有尖端的带电导体,在其尖端附近的场强特别强,当场强达到一定量值时,空气中原有残留的离子在这个电场作用下将发生激烈的运动,并获得足够大的动能与空气分子碰撞而产生大量的离子.其中和导体上电荷异号的离子,被吸到尖端上,与导体上的电荷相中和,而和导体上电荷同号的离子,则被排斥而离开尖端,做加速运动.这种使得空气被"击穿"而产生的放电现象称为尖端放电.避雷针就是根据尖端放电的原理制造的,当雷电发生时,利用尖端放电原理使强大的放电电流从和避雷针连接并接地良好的粗导线流过,从而避免了建筑物遭受雷击的破坏.

【操作与效果】

(1)把直流高压静电电源的两极分别与避雷针演示实验装置的上下极板连接,打开直流高压静电电源并逐步缓慢地提高电压,在演示装置的避雷针尖端就会发生尖端放电现象,大量的电荷从尖端被释放出去,避免了强烈放电的雷击现象.

(2)用一块有机玻璃板隔在避雷针和上极板之间,由于尖端放电被阻止了,代表建筑物的圆球和上极板间就会产生强烈放电的雷击现象.

【注意事项】

(1)静电电源的电压不宜调得过高,只需能使圆球顶部产生放电现象即可;

(2)由于电源电压较高,关闭电源后,应取下电源任一极接头,与另一极接头相碰触进行人工放电,以确保仪器设备和操作者的安全.

实验 18　电 风 轮

【实验目的】

演示尖端放电使电风轮转动的现象,加深对尖端放电原理的理解.

【实验装置】

实验装置如图 3.2.5 所示.

【实验原理】

图 3.2.5　电风轮演示图

根据静电学中的知识,导体表面的电荷分布与导体的表面曲率有关,表面曲率半径越大,电荷分布越少;反之越多.而表面附近的电场与表面电荷成正比,所以表面曲率半径越小,表面附近电场越强.当电场到达一定量值时,附近空气中残留的离子在这个电场作用下,将发生激烈的运动,并与空气中的分子碰撞而产生大量离子. 那些和导体上电荷异号的离子, 因受导体电荷吸引而移向尖端, 与导体上电荷相中和; 和导体上电荷同号的离子, 则因受导体电荷排斥而飞开. 根据角动量守恒定律, 带电粒子与电风轮(又称富兰克林轮)组成的系统对转轴的角动量守恒, 于是转轮沿着与尖端指向相反的方向绕轴转动起来.

【操作与效果】

(1)将电风轮放在有机玻璃柱的顶端, 把高压电源任一极接在柱的金属部分上.

(2)接通高压电源, 则放电轮的尖端发生放电, 观察轮子沿着弯曲针尖的反方向转动起来.

【注意事项】

(1)由于电源电压较高, 关闭电源后, 不能完全充分放电, 故应取下电源任一极接头, 与另一极接头相碰触进行人工放电, 以确保仪器设备和操作者的安全;

(2)晴天演示时, 电源电压应降低些; 阴天演示时, 电源电压应提高些.

实验 19 静电滚筒

【实验目的】

演示尖端放电形成的电风使滚筒转动的现象, 加深对尖端放电原理的理解.

【实验装置】

实验装置如图 3.2.6 所示.

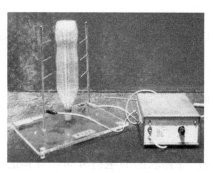

图 3.2.6 静电滚筒演示仪

【实验原理】

将两排带尖端放电针的电极分别接高压静电电源的正负极, 当高压电源打开时,这两排放电针的尖端分别将空气击穿,产生离子风. 在这两排放电针的中间有一个可转动的绝缘滚筒,当离子风吹到滚筒上后,与放电针带有同种电荷的滚筒的一侧受静电排斥力的作用,将远离这排放电针并受另一排放电针的吸引,向另一边靠拢. 这个过程不断地继续,使滚筒旋转起来.

【操作与效果】

(1)将两排尖端放电针错开,分别对着圆筒的两侧边缘部分,分别接高压静电电源的正负极.

(2)接通电源,观察转筒由慢到快的旋转现象.

【注意事项】

(1)尖端放电针与绝缘滚筒保持相切并靠近,但是不能接触;

(2)关闭电源后,两极相碰触进行人工放电,确保仪器设备和操作者的安全;

(3)晴天演示时,电源电压应降低些,阴天演示时,电源电压应提高些.

实验20　静　电　除　尘

【实验目的】

演示静电除尘的物理现象,了解利用气体放电原理实现的静电除尘的方法.

【实验装置】

实验装置如图 3.2.7 所示.

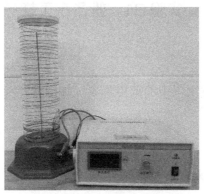

图 3.2.7　静电除尘演示仪

【实验原理】

静电除尘实验装置图中,高压电源的两极分别与输送管中心的金属丝和管壁相接,在管中形成一个指向金属丝的电场. 因为金属丝的半径很小,所以在金属丝附近形成一个极强的电场区，足以引起电晕放电，结果使进入输送管的烟气形成正、负离子及电子. 当电子和负离子在电场中向管壁加速运动时，在气流中与尘埃相碰，负离子便被吸附在尘埃上，使大部分尘埃粒子带上负电，并在电场作用下向管壁加速运动，聚集在带高压正电的管道内壁上，这样就消除了烟尘中的尘粒.

【操作与效果】

(1)将静电高压电源的正负极接线分别接在除尘器的中心和外围电极上，暂不接通高压电源.

(2)将器皿内的可燃物(蚊香)点燃，然后将器皿推入除尘器底部所在位置，即可看到浓烟从玻璃筒内袅袅上升，自顶端逸出.

(3)开启高压电源，马上可以看到烟雾立刻消失；可重复多次，但重复时，必须人工放电后再做.

(4)演示完成后，关闭电源并进行人工放电，熄灭蚊香.

【注意事项】

(1)实验结束后，一定要记住熄灭燃烧物；

(2)操作过程中，不要触摸实验设备，以免触电；

(3)关闭电源后，取下电源任一极接头，与另一极接头相碰触，人工进行放电，以确保仪器设备和操作者的安全；

(4)晴天演示时，电源电压应降低些，阴天演示时，电源电压应提高些.

实验 21　雅各布天梯

【实验目的】

利用雅各布天梯演示空气中的放电现象，加深对电弧放电的理解.

【实验装置】

实验装置如图 3.2.8 所示.

【实验原理】

雅各布天梯模型是由顶部呈羊角形的一对电极组成的，两者对称放置，电极间形成上宽下窄的梯形区域，在两电极最近处设计有一对尖端. 在 20000～

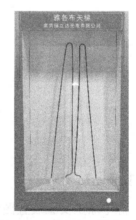

图 3.2.8　雅各布天梯演示仪

50000V 高压下，两电极最近处的空气首先被电离击穿，形成大量的正负等离子体，即产生电弧放电. 空气对流加上电动力的驱使，使电弧向上升. 随电弧拉长，电弧通过的电阻加大，当电流送给电弧的能量小于由弧道向周围空气散出的热量时，电弧会自行熄灭. 在高压下，电极间距离最小处的空气还会再次被击穿，发生第二次电弧放电，形成周而复始的电弧爬梯现象.

【操作与效果】

打开电源，观察空气中的电弧放电现象.

【注意事项】

实验时避免与电极接触，以免被电击.

实验22 法拉第笼

【实验目的】

演示法拉第笼的静电屏蔽现象，加深对静电屏蔽的理解.

【实验装置】

实验装置如图 3.2.9 所示.

图 3.2.9 法拉第笼演示仪

【实验原理】

法拉第笼是一个由金属或者良导体形成的笼子，它由笼体、高压电源、电压显示器和控制部分组成. 当导体中的电荷没有定向移动时，导体达到静电平衡. 处于静电平衡状态的导体具有下面三个性质：①导体内部没有宏观电场；②导体是一个等势体；③电荷只分布在导体的表面. 当一空腔导体在静电场中处于平衡时，若腔内没有净电荷，则导体内部以及腔内的场强为零. 这样，空腔内的系统将不受腔外电场的影响，这就是静电屏蔽. 用金属丝网做成的法拉第笼，其内部是一个等势体，场强为零. 人进去以后尽管外部可以施加很大的场强，但在内部的人完全感觉不到.

【操作与效果】

(1)人进入法拉第笼后把门关好，法拉第笼要妥善接地.

(2)用高压电源向法拉第笼放电，在笼的外部会产生大量的放电电弧，但人在笼内部没有感觉.

【注意事项】

(1)由于电源电压较高，而且只用一极工作，关闭电源后，一定要把两极相碰触进行人工放电，确保仪器设备和操作者的安全；

(2)晴天演示时，电源电压应降低些，阴天演示时，电源电压应提高些.

实验 23　电磁阻尼摆

【实验目的】

演示电磁阻尼现象，加深对楞次定律的理解.

【实验装置】

实验装置如图 3.2.10 所示.

图 3.2.10　电磁阻尼摆演示仪

【实验原理】

根据楞次定律，当一个闭合回路中磁通量发生变化时，会产生感生电动势，这个感生电动势在导体中形成的感生电流的磁场会阻止闭合回路中原磁通量的变化. 在导体中产生的感生电流因其为闭合的环状，所以又称为"涡流".

本仪器分别用一片平面金属片和梳状金属片做成摆的形状，让它们以摆动的形式从一对磁铁的磁极中间穿过. 平面金属片经过磁极附近时，因磁通量发生变化，在金属片内产生环状的涡流，该涡流的磁场与原磁场有抵触，对平面金属片的运动产生电磁阻尼作用，从而使平面金属片很快停顿下来. 而梳状金属片经过磁极附近时，虽然磁通量也发生变化，但在梳状结构的金属片中涡流回路的截面积变小，电阻增大，产生的涡流强度减弱，受到的电磁阻尼大大减小，因此它会像普通的摆那样正常地进行摆动.

【操作与效果】

分别让平面金属片和梳状金属片的摆从磁铁有磁极间摆过，观察它们的运动阻尼情况.

【注意事项】

摆在摆动过程中要注意调整摆平面与磁极间的间距，不要和磁铁有直接的接触.

实验 24　脚踏发电机

【实验目的】

演示脚踏发电的现象，加深对能量转换原理的理解.

【实验装置】

实验装置如图 3.2.11 所示.

【实验原理】

脚踏发电机通过脚踏转动，带动线圈在磁场中切割磁感线运动，产生感应电流，把机械能转换成电能. 通过适当的转换电路可以把脚踏发电机产生的电能变换成适合电视机工作的电能，从而使电视机工作. 考虑到人力脚踏发电时所能提供的功率必须大于电视机工作所需的电功率，故人力脚踏时必须给出 200W 以上的功率.

图 3.2.11　脚踏发电机演示仪

【操作与效果】

用力骑行脚踏发电机，同时打开电视接收机并选择好电视台节目，就可边骑行边观看电视了.

【注意事项】

脚踏发电机在骑行时必须达到一定的人力输出功率方可使电视机正常工作.

实验 25　能量转换轮

【实验目的】

演示电能、磁能、机械能、光能之间的相互转化，加深对能量转换与守恒定律的理解.

【实验装置】

实验装置如图 3.2.12 所示.

图 3.2.12　能量转换轮演示仪

【实验原理】

本装置有一个大的转轮，轮子一圈镶有许多永磁铁. 在轮子右侧上有一个通交流电的电磁铁. 电磁铁通电时，产生交变磁场，电能转化为磁能；转轮内的磁铁在该磁场的磁力作用下带动转轮转动，磁能转化为机械能；旋转的轮使得永久磁铁的磁场运动，又使轮子附近一侧的闭合线圈中产生感生电流，被转化成电能，并通过发光二极管转变为光能.

【操作与效果】

(1)打开箱体前面板上的开关，使圆盘右侧铁芯产生变化的磁场.

(2)轻轻转动大圆盘(内有永磁铁)，使其转动起来，经过两磁场的相互作用，圆盘越转越快.

(3)观察圆盘左侧线圈中发光二极管的发光情况.

(4)实验结束，关闭电源.

【注意事项】

不能用力转动大转轮，避免损坏仪器.

3.3　模拟仿真实验

实验 26　示 波 器

【实验目的】

了解示波器的基本原理和结构，学习使用示波器观察波形和测量信号周期及其时间参数.

【仿真仪器】

仿真仪器如图 3.3.1 所示.

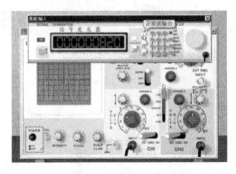

图 3.3.1　示波器仿真平台

【实验原理】

示波器是利用示波管内电子束在电场或磁场中发生偏转,显示随时间变化的电信号的观测仪器. 示波器由示波管、放大系统、衰减系统、扫描和同步系统及电源等组成. 示波管由电子枪、偏转板和荧光屏组成. 电子枪是示波器的核心部分，由阴极、栅极和阳极组成. 自阴极发射的电子束经栅极和阳极的加速和聚焦后形成细电子束，水平偏转板(X 轴)和垂直偏转板(Y 轴)形成的二维电场使电子束发生位移，位移的大小与 X、Y 偏转板上所加的电压有关，在偏转板上加随时间变化的电压，可得到"扫描线"，从而显示出波形.

【实验内容】

(1)用示波器观察信号发生器输出信号的波形；

(2)测量信号的周期及其时间参数.

实验 27 变电场测介电常量

【实验目的】

测量电介质的介电常量，了解电介质的极化特性和测量方法.

【仿真仪器】

仿真仪器如图 3.3.2 所示，其模拟仿真效果见图 3.3.3.

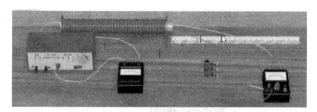

图 3.3.2 变电场测介电常量仿真平台

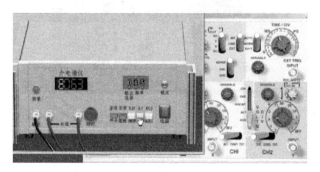

图 3.3.3 模拟仿真效果图

【实验原理】

电介质最基本的物理性质是它的介电性，对介电性的研究不但在电介质材料的应用上具有重要意义，而且也是了解电介质的分子结构和极化机理的重要分析手段之一. 电介质极化能力越强，其介电常量就越大. 探索高介电常量的电介材料，对电子工业元件的小型化有着重要的意义.

测量介电常量的方法有很多，常用的有比较法、替代法、电桥法、谐振法、Q 表法、直流测量法和微波测量法等. 本实验利用 DP-5 型介电谱仪测量物质在交变电场中的介电常量. DP-5 型介电谱仪内置带有锁相环(PLL)的宽范围正弦频率合成信号源和由乘法器、同步积分器、移相器等组成的放大测量电路，具有弱信号检测和网络分析的功能. 对填充介质的平板电容的激励信号的正交分量(实部和虚部)进行比较、分离、测量，从而测量出介电常量.

【实验内容】

实验内容包括初设、观察信号、正交与调零和信号初测，最后计算相对介电常量.

实验 28　螺线管磁场的测量

【实验目的】

演示探测线圈法测量交变磁场的磁感强度，加深对磁场特性以及法拉第电磁感应定律的理解.

【仿真仪器】

仿真仪器如图 3.3.4 所示，其模拟仿真效果见图 3.3.5.

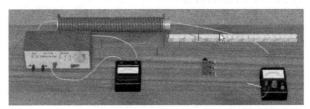

图 3.3.4　螺线管磁场测量仿真平台

【实验原理】

当给无限长密绕理想螺线管 A 的导线中通上交流电 i 时，螺线管内部就会产生与电流 i 成正比的交变磁场 B，把探测线圈 A_1 放到螺线管内部或附近，则在 A_1 中

图 3.3.5　模拟仿真效果图

将产生感生电动势 V. 若在测量过程中, 始终保持探测线圈 A_1 与线圈 A 的轴线在同一直线上, 则有 $B = \dfrac{V}{2\pi^2 N_1 r_1^2 f}$, 式中 N_1、r_1、f 分别为探测线圈的匝数、半径和交变电源的频率. 实验中待测螺线管回路中串联毫安表用于测量螺线管导线中的电流的有效值, 线圈 A_1 两端接伏特表用于测量 A_1 中感应电动势的有效值 V, 这样即可测得所求的 B 值.

【实验内容】

(1)研究螺线管中磁感强度 B 与电流 i、电动势 V 之间的关系, 测量螺线管中的磁感强度;

(2)测量螺线管轴线上的磁场分布.

实验 29　电子自旋共振及地磁场测量

【实验目的】

演示电子自旋共振现象, 测量 g 因子、谱线宽度以及地球磁场的垂直分量, 加深对自旋量子化和自旋共振的理解.

【仿真仪器】

仿真仪器如图 3.3.6 所示.

图 3.3.6 电子自旋共振及测量地磁场仿真平台

【实验原理】

电子具有自旋, 其自旋角动量 $p_s = \sqrt{S(S+1)}\hbar$, 其中自旋量子数 $S=1/2$, 电子的自旋磁矩 $\mu_s = \dfrac{e}{m}p_s = g\dfrac{\mu_B}{\hbar}p_s$, 式中 g 为朗德因子, μ_B 为玻尔磁子. 在外磁场中, 电子的自旋角动量的空间取向是量子化的, p_s 在外磁场方向 (z 轴) 上的投影 $p_z = m\hbar$, 自旋磁量子数 $m = \pm\dfrac{1}{2}$. 在外磁场中, 电子自旋能级分裂为两个. 外磁场越强, 温度越低, 两个能级上的粒子数差越大. 若在垂直外磁场的平面上施加一频率为 ν 的旋转磁场 B_1, 当满足 $h\nu = g\mu_B B_1$ 时, 电子吸收 B_1 的能量, 从低能级跃迁到高能级, 产生电子自旋共振现象. 电子自旋共振研究的对象是具有未偶电子的物质, 如具有奇数个电子的原子、分子以及内电子壳层未被充满的离子, 受辐射作用产生的自由基及半导体、金属等. 电子自旋共振的共振谱线有一定宽度, 谱线宽度是电子自旋共振谱的重要参数. 电子自旋共振一般发生在微波波段.

【实验内容】

(1) 观察电子自旋共振现象;

(2) 测 DPPH 中电子的 g 因子及地磁场的垂直分量;

(3) 测量共振线宽和弛豫时间.

实验 30 电子荷质比的测量

【实验目的】

演示磁聚焦法和磁控管法测电子的荷质比, 加深对洛伦兹力的理解.

【仿真仪器】

仿真仪器如图 3.3.7 所示.

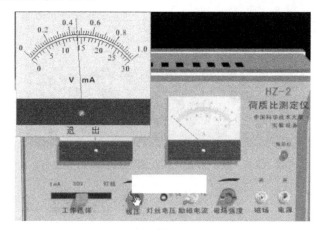

图 3.3.7   电子荷质比测量仿真平台

【实验原理】

1. 磁聚焦法测电子荷质比

带电粒子的电量与质量的比值，称为荷质比. 若在均匀磁场中，一个电子源不断地向外发射电子，则不论这些电子的初速度方向如何，它们都将沿着磁场方向做螺旋线运动，只要保持它们沿磁场方向的速度分量相等，它们就有相同的螺距，将在磁场方向上聚集在一起，这种现象称为磁聚焦现象. 把示波管的轴线沿均匀磁场的方向放置，给示波管加电压，给阴极发射出的电子加速，利用磁聚焦可测定出电子的荷质比.

2. 磁控管法测电子荷质比

电子在磁控二极管中从阴极向阳极运动时，同时受到电场力和洛伦兹力的作用，电场力使电子加速运动，洛伦兹力则使电子的运动方向发生偏转，磁场越强，电子的轨道弯曲得越厉害. 当磁感强度达到某临界值 B_c 时，电子束就不能到达阳极，阳极电流急剧减小，并突然截止. 理论分析可知，电子的荷质比 $\dfrac{e}{m} = \dfrac{8V}{R_2^2 B_c^2}$，式中 R_2 为阳极半径. 实验中，只要测出一定的阳极电压 V 及使阳极电流截止的临界磁场 B_c，就可以求出荷质比.

【实验内容】

(1)用磁聚焦法测电子荷质比；
(2)用磁控管法测电子荷质比.

实验 31　霍 尔 效 应

【实验目的】

演示霍尔效应，了解各种副效应的消除方法.

【仿真仪器】

仿真仪器及电路图如图 3.3.8 所示.

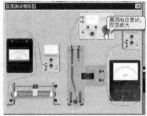

图 3.3.8　霍尔效应仿真平台及电路图

【实验原理】

在匀强磁场 **B** 中放入一通有电流 I 的金属或半导体板，当磁场方向与板面(电流方向)垂直时，在板的两侧端面出现电势差的现象称为霍尔效应. 板两侧端面的电势差 $U_{AB} = R_{\mathrm{H}} \dfrac{BI}{d}$，称为霍尔电压，$R_{\mathrm{H}}$ 为霍尔系数，d 是板两侧端面的距离.

霍尔效应是由于金属或半导体中的载流子在洛伦兹力作用下向板的两侧聚集的结果，通过分析受力可知，霍尔系数与载流子的数密度成反比，霍尔电压的方向由载流子的类型决定. 在霍尔效应实验中会伴随着一些副效应，可采用对称测量法消除这些副效应的影响.

【实验内容】

(1)学习利用对称测量法消除副效应影响的方法；

(2)根据霍尔电压判断霍尔元件载流子类型，计算载流子浓度和迁移速度.

实验 32　动态测量磁滞回线

【实验目的】

演示示波器测量动态磁滞回线，理解并掌握铁磁材料磁滞回线的概念.

【仿真仪器】

仿真仪器如图 3.3.9 所示.

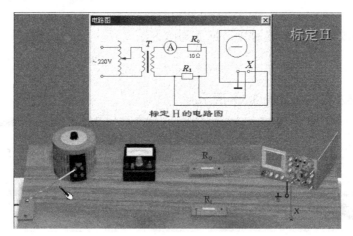

图 3.3.9　动态磁滞回线仿真平台

【实验原理】

铁磁材料在磁化过程中,磁化状态的变化总是落后于外加磁场的变化,称为磁滞现象. 铁磁质在磁化过程中,磁感强度 B 与磁场强度 H 构成的闭合曲线称为磁滞回线,磁化曲线和磁滞回线是铁磁材料的重要特性. 实验中用交流电对材料样品进行磁化,测得的 B-H 曲线称为动态磁滞回线. 实验通过示波器来测量材料的动态磁滞回线,其中示波器的 X 轴输入与磁场强度 H 成正比,Y 轴输入在一定条件下与磁感强度 B 成正比,磁化电流变化一周内,示波器的光点将描绘出一条完整的磁滞回线.

【实验内容】

(1)熟悉示波器的调节;
(2)测量样品的动态磁滞回线.

实验 33　交流谐振电路特性研究

【实验目的】

演示 RLC 串联、并联电路的交流谐振现象,学习谐振曲线和电路品质因数 Q 的测量方法.

【仿真仪器】

仿真仪器如图 3.3.10 所示.

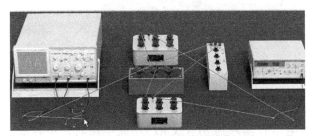

图 3.3.10　交流谐振电路特性仿真平台

【实验原理】

由电感、电容组成的电路，通过交流电时会产生简谐形式的自由电振荡. 电路中有电阻时，振荡为振幅逐步衰减的阻尼振荡. 这时，若在电路中接入交变信号源，给电路补充能量，振荡就会持续进行，形成交流谐振现象，在示波器上可观察到回路电流随频率变化的谐振曲线，并由此求出回路的品质因数 Q.

【实验内容】

(1) 观测 RLC 串联谐振电路的特性，测量电流-频率曲线，计算 Q 值；

(2) 观测 RLC 并联谐振电路的特性，测量电流-频率曲线，计算 Q 值.

实验 34　RC 电路实验

【实验目的】

演示 RC、RL 串联电路对正弦交流信号的稳态响应，学习掌握测量两个波形相位差的方法.

【仿真仪器】

仿真仪器如图 3.3.11 所示，其实验电路图如图 3.3.12 所示.

图 3.3.11　RC 电路实验仿真平台

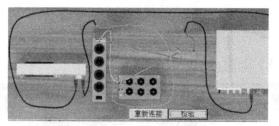

图 3.3.12　实验电路图

【实验原理】

当把正弦交流电压 V_i 输入到 RC(或 RL) 串联电路时，电容或电阻两端的输出电压的 V_o 幅度及相位将随输入电压 V_i 的频率而变化，这种回路中的电流值 I 和各元件上的电压值 V，与输入信号频率间的关系，称为幅频特性；回路电流和各元件上的电压与输入信号间的相位差与频率的关系，称为相频特性.

1. 交流电路中各元件的特性

元件的阻抗 $Z = \dfrac{V}{I} = \dfrac{V_{有效}}{I_{有效}}$，相位之差：$\varphi = \varphi_V - \varphi_I$.

对电阻，阻抗：$Z_R = R, \varphi = 0$，电阻上电压与电流同相位.

对电容，容抗：$Z_C = \dfrac{1}{\omega C}, \varphi = -\dfrac{\pi}{2}$，电容上电压比电流相位落后 $\dfrac{\pi}{2}$.

对电感，感抗：$Z_L = \omega L, \varphi = \dfrac{\pi}{2}$，电感上电压比电流相位超前 $\dfrac{\pi}{2}$.

2. 串联电路

(1) 串联 RC 电路对交流信号的响应仍然是正弦的；
(2) 当输入信号频率变化时，元件上各物理量的峰值将随之改变.

【实验内容】

(1) RC 串联电路特性的观测；
(2) RL 串联电路特性的观测.

实验 35　整流电路

【实验目的】

演示交流电路的基本特性，掌握交流电各参数的测量方法，了解整流滤波电路的基本工作原理.

【仿真仪器】

仿真仪器如图 3.3.13 所示.

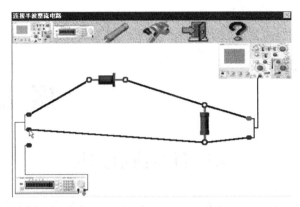

图 3.3.13　整流电路仿真平台

【实验原理】

整流电路的作用是把交流电转换成大脉动直流电, 滤波电路的作用是把大脉动直流电处理成平滑的小脉动直流电. 利用二极管的单向导电性可实现整流. 经过整流后的电压 (电流) 仍然是有"脉动"的直流电, 为了减少波动, 需要通过滤波器进行滤波, 常用的滤波电路有电容滤波和电感滤波等.

【实验内容】

(1) 测量交流电压 (或电流);

(2) 测量整流波形;

(3) 搭建滤波电路;

(4) 测量交流电路的频率响应和相位.

第**4**章

振 动 与 波

4.1 随堂演示实验

实验 1 简谐振动与圆周运动的等效性

【实验目的】

演示水平方向的简谐振动和竖直平面内的圆周运动在水平方向上的投影之间的关系，加深对简谐振动旋转矢量表示法的理解.

【实验装置】

实验装置如图 4.1.1 所示，其演示效果见图 4.1.2.

图 4.1.1 简谐振动与圆周运动的等效性演示仪 　　图 4.1.2 演示效果图

【实验原理】

一质点在 x 方向作简谐振动时，其运动方程为

$$x = A\cos(\omega t + \phi_0)$$

其中 A 为振动的振幅，ω 为振动的角频率，ϕ_0
为振动的初始相位.

匀速圆周运动与简谐振动有一简单对应
关系，如图 4.1.3 所示，设一质点 M 在半径为
A 的圆周上以角速度 ω 做逆时针运动，圆心为
O，初始时刻位矢 $\overrightarrow{OM_0}$ 与 x 轴的夹角为 ϕ_0，则
任一时刻 t，位矢 $\overrightarrow{OM}$ 与 x 轴的夹角为 $\omega t + \phi_0$，
则质点 M 在 x 方向投影为

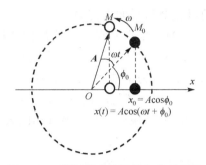

图 4.1.3　简谐振动的旋转矢量表示法

$$x = A\cos(\omega t + \phi_0)$$

此式与简谐振动的定义式相同，因此，可以借助于匀速圆周运动来研究简谐振动，
以简化运算，对应的圆周叫参考圆，随着 M 以角速度 ω 做圆周运动，径矢 $\overrightarrow{OM}$ 以角
速度 ω 绕端点 O 逆时针旋转(称为旋转矢量 A)，当 A 旋转一周，M 沿参考圆运动一
周，M 在 x 轴上的投影点完成一次全振动，简谐振动的这种表示方法称为旋转矢量
表示法.

本实验通过机械装置演示简谐振动与圆周运动在水平方向的投影之间的关系.
实验装置的结构示意图如图 4.1.4 所示：①支撑演示仪竖直固定的长方形板；②绕
水平轴转动的圆盘；③固定在圆盘②上的带帽圆柱形棒；④可沿水平方向移动的直
杆；⑤圆孔；⑥杆上固定的另一带帽圆柱形棒；⑦长方形环形导轨；⑧电机；⑨导
线；⑩开关.

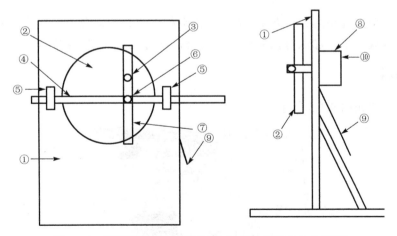

图 4.1.4　简谐振动与圆周运动的等效性演示结构示意图

【操作与效果】

(1)接通电源，电机⑧缓慢转动后，通过主轴带动演示仪正面的圆盘②以一定角

速度在竖直平面内转动.

(2)固定在圆盘②上的带帽圆柱形棒③(白色)以相同的角速度绕轴心做圆周运动. 该带帽圆柱形棒带动环形的导轨⑦. 通过环形导轨⑦带动圆柱形棒⑥并带动沿水平轴(设为 x 轴)位移的直杆④做往复位移.

(3)在上述运动过程中,可以看出做圆周运动的白色质点③在水平轴(x 轴)的投影⑥作简谐振动,其简谐振动的表达式

$$x = A\cos(\omega t + \phi_0)$$

式中振幅 A 与做圆周运动的质点③的半径对应,角频率 ω 与圆周运动的角速度对应,而初相位 ϕ_0 与开始计时圆周运动的幅角(半径与水平轴 x 的夹角)对应.

【注意事项】

由于水平方向移动的直杆伸缩变化较大,操作者要小心,不要碰到.

【思考题】

(1)质点做圆周运动时在 x 方向上的回复力从何而来?

(2)一个做匀速圆周运动的物体在竖直方向上投影点的运动是否也是简谐振动?

实验 2　电信号拍现象声光演示

【实验目的】

演示两个振幅相同、振动方向相同,频率相近的分振动合成产生的拍振动现象,通过声光直观演示,加深对拍频现象的理解,掌握拍振动现象的特点.

【实验装置】

实验装置如图 4.1.5 所示.

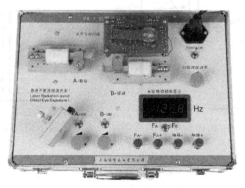

图 4.1.5　电信号拍现象声光演示仪

【实验原理】

当两个振动方向相同、频率都很大而频率差很小的简谐振动合成时，其合振动的振幅呈现时大时小的周期性变化，这种现象称为"拍".

设两个分振动的频率相差很近，它们的振动表达式可分别写成

$$x_1(t) = A\cos(\omega_1 t + \phi)$$
$$x_2(t) = A\cos(\omega_2 t + \phi)$$

它们的合振动是

$$x = 2A\cos\left(\frac{\omega_2 - \omega_1}{2}t\right)\cos\left(\frac{\omega_2 + \omega_1}{2}t + \phi\right)$$

由于 ω_1、ω_2 都很大但相差很小，所以它们的合振动可看作振幅缓慢变化的简谐振动，合振幅从一次极大到相邻的另一次极大所需的时间称为拍的周期，$T = \dfrac{2\pi}{|\omega_2 - \omega_1|} = \dfrac{1}{|v_2 - v_1|}$，而合振幅变化的频率称为拍频，$v = |v_2 - v_1|$.

如图 4.1.5 所示，拍振动演示仪有 A、B 两组机械振动，通过激光扫描将单个振动或拍振动曲线反射至墙壁或屏幕，便于在教室中多人观看研究. 各部件功能说明如下：

(1) A 振动部件，机械振动采用电磁驱动，振动频率可选取相近的四个频率，并由数码管显示，可按 F_A+ 或 F_A- 按钮进行调整，分别为 112.3Hz、114.9Hz、119.0Hz、121.9Hz；振幅由对应的电位器调节，因振幅与振频相关，实验时对应不同频率适当调节幅度电位器，以利于观察到美观的拍振动扫描图迹.

(2) B 振动部件，振动频率可由数码管显示. 频率固定不变，约 121.9Hz 或 122.0Hz；调节振幅电位器，易于观察实验现象；另设有相位调节按钮，可调节在该频率的振动相位，在同频叠加时可利用相位变化观察叠加效果与相位的关系.

(3) 光迹水平扫描驱动部件，光迹自左往右移动速度可由电位器调节，刚开机时马达可能不转，可适当右旋电位器让马达快速转动一会儿再缓慢左旋，直至可观察到一两个周期的拍振动，在观察同频波叠加现象时，应右旋电位器至可观察到 4～6 个周期的信号，此时可按相位按钮观察同频波的合成，聆听波在不同相位时振动的声音大小，观察激光光迹波幅大小.

(4) 激光器组件，激光光束在水平扫描过程中，光迹自左往右时，激光发光，而光迹返回时，激光熄灭. 激光器的发光或熄灭是由马达转盘上的磁钢触发两侧的霍尔开关，通过单片机控制实现的.

(5)振动频率显示窗,该显示窗内含频率计,由钮子开关切换测频对象,即向左按时测量 A 振动频率,向右按时测量 B 振动频率.

【操作与效果】

(1)打开仪器箱盖,小心右移箱盖,卸下仪器箱盖.

(2)接上电源插座,接通电源,右旋水平扫描速度电位器(位于仪器面板右上角),可见马达转动,同时激光发出亮暗相间的激光束.

(3)向下关闭 A、B 振动,调节激光器高度和射出方向,使激光束射向 B 振动上的反面镜后,射向 A 振动上的反面镜,再射向水平扫描驱动的反面镜,然后射向墙壁或屏幕,微量调节激光器端部的螺纹,以改善激光束的聚焦效果.上述调整中,以激光斑点位于反面镜中心为佳.

(4)向上开启 B 振动开关,调节对应电位器,配合一定的水平扫描速度,可观察到振动的正弦图形.

(5)向下关闭 B 振动开关,向上开启 A 振动开关,调节对应电位器,可观察到振动的正弦图形;留意 A 振动幅度,最好调到与 B 振动幅度相近.

(6)此时,同时向上开启 A、B 振动开关,可听到忽强忽弱的嗡嗡声,这种强弱变化的声音就是拍,强弱变化的频率叫拍频.因为拍频比 A、B 振动频率低得多,故须左旋水平扫描电位器,降低扫描速度,直至可观察一两个周期的拍振动光迹扫描图像.

(7)按 F_A+ 或 F_A- 按钮改变 A 振动频率为 112.3Hz、114.9Hz、119.0Hz,适当调节 A 振动幅度,可观察到不同拍频的拍振动图像,聆听到拍频声音的变化.

(8)按 F_A+ 或 F_A- 按钮改变 A 振动频率为 121.9Hz,即与 B 振动频率相同,适当调节 A、B 振动幅度,可观察同频振动合成,此时,提高水平扫描速度,观察 4～6 个周期的振动合成图像,按相移+或相移-按钮,可观察到两列同频波因相位不同产生的振幅叠加现象,聆听到不同相位下的叠加声响效果.

【注意事项】

(1)振动具有意想不到的破坏,开机后应有人看管;

(2)不可直视激光束,不宜长时间近距离观察激光扫描图案;

(3)不要用手碰触振动的反面镜片及其边缘,以免伤手.

【思考题】

(1)为什么拍频等于两个分振动频率之差的绝对值?

(2)若有一架待校钢琴和一架标准钢琴,如何利用拍现象校正钢琴?

实验 3 音 叉

【实验目的】

演示声音的共振现象以及两只频率略有不同的音叉的拍现象，加深对共振的理解，更好地了解拍的形成及拍频.

【实验装置】

实验装置如图 4.1.6 所示.

图 4.1.6 音叉

【实验原理】

共振是指一物理系统在特定频率下,相比其他频率以更大的振幅作振动的情形,这些特定频率称为共振频率. 简单地说,就是一个物体发生振动引起其他物体的振动,在共振频率下,很小的周期振动便可产生很大的振动. 当阻尼很小时,共振频率大约与系统的固有频率相等.

如果两音叉的固有频率相同,敲击一个音叉发声所激发的空气振动可引起另一个同频率音叉发生共振,这种音叉因共振而发声的现象称为共鸣.

如果两音叉的固有频率不同但是相差很小,同时敲击这两个音叉发声,则可以听到时强时弱的声音,这就是拍现象.

【操作与效果】

1. 观察两只音叉的共振现象

(1) 将两个固有频率相同的音叉分别插在共鸣箱上, 让两共鸣箱的开口端彼此相对.

(2) 用橡皮锤敲击音叉, 过 2～3s 捏住它, 使它不响, 此时却能听到另外音叉的音箱有声音发出.

如果环境不够安静, 共鸣声不够强, 可用细线悬挂一个轻塑料小球, 使左边的音叉与悬挂着的轻质小球接触，敲击右边的音叉，结果发现左边完全相同的音叉也会发生振动，并且把轻质小球弹起，这样就能直观地演示共鸣时左边音叉的振动.

(3)改变其中一个音叉的频率，或选用不同的两个音叉，再用橡皮锤敲击其中一个音叉，过2～3s捏住它，使它不响，此时就听不到另外的音叉共鸣的声音了.

2. 观察音叉的拍现象

(1)可在其中任一音叉上缠一橡皮筋或黏上一小块橡皮泥，使两个音叉的频率略有不同，用橡皮锤分别敲击两个音叉，在远处就可听到时强时弱的拍音；

(2)调节橡皮筋数量或橡皮泥的多少，使两个音叉的频率相差较大，则听不到拍音，可见拍现象是两个频率相差较小时合成的结果.

【注意事项】

用黏上一小块橡皮泥或缠一橡皮筋来调节音叉频率演示拍现象时，不要黏得太多或缠得太多.

【思考题】

(1)为什么两个音叉频率相差很大时，听不到明显的拍音？
(2)不通过电子测量设备，如何判断两个音叉的振动频率是否完全相同？

实验4　共振小娃

【实验目的】

演示弹簧在周期性外力下的受迫振动现象，加深对受迫振动及共振特点的理解.

【实验装置】

实验装置如图4.1.7所示，其演示效果见图4.1.8.

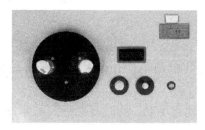
图 4.1.7　共振小娃演示仪

图 4.1.8　演示效果图

【实验原理】

振动系统在周期性外力的作用下所发生的振动称为受迫振动，这个周期性外力称为策动力. 当策动频率与振动系统的固有频率相同时，受迫振动的位移振幅达到最大，称为位移共振.

演示仪器上有两个共振小娃，每个共振小娃可看成由弹簧和小娃组成的竖直弹簧振子，两个弹簧有着不同的固有频率，小娃的质量 m 也略有不同，因此它们的固有频率 ω_0 不同

$$\omega_0 = \sqrt{\frac{k}{m}}$$

由受迫振动及共振原理，当驱动频率 ω_r 满足

$$\omega_r = \sqrt{\omega_0^2 - 2\gamma^2}$$

时，振子的振幅取最大值

$$A_r = \frac{F_0 / m}{2\gamma\sqrt{\omega_0^2 - \gamma^2}}$$

式中 γ 是阻尼系数，F_0 是力幅，即驱动力的最大值. 若阻尼系数很小，$\gamma \ll \omega_0$，则此时的共振频率 ω_r' 及共振振幅 A_r' 为

$$\omega_r' = \omega_0, \quad A_r' = \frac{F_0 / m}{2\gamma\omega_0}$$

本实验装置有两个劲度系数不同的弹簧，下端均固定在水平振动面上，上端各固定一个小娃. 在信号源振动产生的策动力下，两个弹簧振子(共振小娃)也跟着作受迫振动，当信号源的振动频率与某个弹簧振子(共振小娃)的固有频率接近时，该弹簧振子振动最强烈.

【操作与效果】

(1)将振动源接到信号发生器上，逐渐增大信号发生器的频率，当增大到某一频率值时(该频率与较长的弹簧片振动频率相同)，较长的弹簧片的振幅达到最大值，与它发生共振，而这时另一弹簧的振幅很小.

(2)继续增加信号发生器的频率，较长的弹簧片振幅开始减小，而较短的弹簧片开始随频率提高而振幅增大，当与较短弹簧片固有频率相同时，其振幅达到最大值，而此时另一弹簧片的振幅很小.

(3)演示完毕，把振幅旋钮和频率旋钮调至最小，关闭电源，收好仪器.

【注意事项】

(1)缓慢增加信号源频率，注意观察两个小娃的振动情况；

(2)振幅的调节一定要从小到大缓慢调节，避免振源的振幅过大，影响演示效果，否则容易损坏仪器.

【思考题】

(1)共振现象在生活中和工程技术中有哪些应用和危害？

(2)共振有何特点，如何避免共振的发生？

实验 5 激光李萨如图形

【实验目的】

演示李萨如图形，了解李萨如图形产生的条件，加深对简谐振动、受迫振动以及二维振动合成的理解.

【实验装置】

实验装置如图 4.1.9 所示.

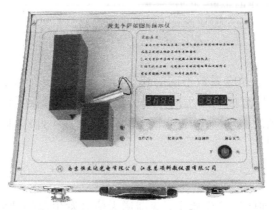

图 4.1.9 激光李萨如图形演示仪

【实验原理】

如果一个质点同时参与了两个振动方向相互垂直的同频率简谐振动 x 和 y，则质点的位移是这两个振动的位移 x 和 y 的矢量和，因此质点将在 x-y 平面内做曲线运动. 设

$$x = A_1 \cos(\omega t + \phi_1)$$
$$y = A_2 \cos(\omega t + \phi_2)$$

则

$$\frac{x^2}{A_1^2} + \frac{y^2}{A_2^2} - \frac{2xy}{A_1 A_2} \cos\Delta\phi = \sin^2\Delta\phi$$

此方程是椭圆方程，椭圆的具体形状由两分振动的振幅和初相位 $\Delta\phi$ 决定.

若两个振动方向互相垂直的简谐振动的频率不相同，它们的合振动一般比较复杂，且轨迹不是稳定的. 其中当两个振动的频率成简单整数比时，其合振动的轨迹将是稳定的闭合曲线，这种图形称为李萨如图形，如图 4.1.10 所示.

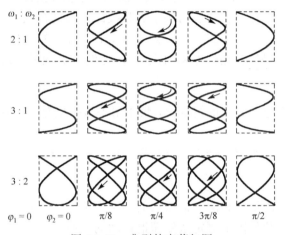

图 4.1.10　典型的李萨如图

若一个李萨如图形与一条水平线的最多交点数为 n_x，与一条垂直线的最多交点数为 n_y，则 n_x 与 n_y 之比等于水平方向分振动周期 T_x 与垂直方向分振动周期 T_y 之比，即

$$\frac{n_x}{n_y} = \frac{T_x}{T_y} = \frac{\omega_2}{\omega_1}$$

若已知 ω_1，就可以利用李萨如图形求出 ω_2. 这是测量未知频率的一种方法.

激光李萨如图形演示仪的激光束向左发射，面板下的机箱内装有低频电压信号发生源. 振动器 1 水平放置，代表 X 方向振动；振动器 2 垂直放置（部分振动条穿入机箱内），代表 Y 方向振动，两个振动器中的振动片分别由机箱内低频信号功率源驱动，作受迫振动. 当线圈通以交流电时，穿过线圈的振动片被磁化，极性不断变化，并与振动片两旁的磁体吸引、排斥，引起振动，在受迫振动中，通过改变低频率信号功率源的输出频率，实现振动频率的相互比率关系，形成李萨如图形，即：

(1)当两个方向相互垂直、频率成整数比的简谐振动叠加时，在屏幕上就会显示李萨如图形；

(2)利用光杠杆原理可以使微小的振动放大.

【操作与效果】

(1)将激光李萨如图形演示仪平放在桌上，接通仪器电源，调整仪器高度，使激光照射在远处屏上或墙壁上，便于观察.

(2)演示二维同频振动合成："$X:Y$转换开关"选择在"1:1"上，打开 X 方向振动开关，可演示 X 方向振动；关闭 X 方向振动开关，打开 Y 方向振动开关，可演示 Y 方向振动，最后打开 X、Y 方向振动开关，演示两个相互垂直方向的简谐振动合成.

(3)演示二维不同频、但两者的频率成整数比的振动合成，"$X:Y$转换开关"可分别选择在"1:1""1:2""1:3""1:4""2:3""3:4"等，演示李萨如图形，若要使图形稳定(相位差趋向定值)，可调节 Y 频率微调旋钮.

【注意事项】

(1)在打开激光电源开关的情况下，禁止用手直接接触激光管的电极接线，以免触电；

(2)仪器中装有激光束，请不要直视激光束，或将激光束射向他人眼睛.

【思考题】

(1)李萨如图形的形状和两简谐振动的初始相位差有没有关系？

(2)如何利用李萨如图形测定未知简谐振动的频率？

实验6 弦 驻 波

【实验目的】

演示弦上驻波现象，理解驻波产生的条件、影响因素以及驻波的特点，了解半波损失.

【实验装置】

实验装置如图 4.1.11 所示，其演示效果见图 4.1.12.

图 4.1.11　弦驻波演示仪

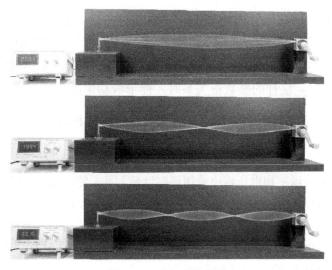

图 4.1.12　演示效果图

【实验原理】

频率相同、振动方向相互平行、振幅相等的两列简谐波，在同一直线上沿相反方向传播时叠加形成驻波. 驻波传播时，各介质质点均在自己的平衡位置附近作简谐振动，振幅最大处为波腹，振幅为零处为波节. 驻波中既没有相位的空间移动，也没有能量的定向传播.

假设有沿 x 轴正、反两方向传播的两列简谐波的表达式分别为

$$y_1 = A\cos\left(\omega t - \frac{2\pi}{\lambda}x\right), \quad y_2 = A\cos\left(\omega t + \frac{2\pi}{\lambda}x\right)$$

其合成波即为驻波

$$y = y_1 + y_2 = A\cos\left(\omega t - \frac{2\pi}{\lambda}x\right) + A\cos\left(\omega t + \frac{2\pi}{\lambda}x\right)$$

由此得到驻波的表达式

$$y = 2A\cos\frac{2\pi}{\lambda}x \cdot \cos\omega t$$

驻波上各质元都在作同频率的简谐振动，就是原来两个波的频率，但各质元振幅随位置的不同而不同，按 $\left|2A\cos\dfrac{2\pi}{\lambda}x\right|$ 的规律随 x 变化.

本实验利用信号源的振动带动弦的振动，形成横波在弦上传播，该波传播到弦的另一端反射，反射波与入射波叠加在弦上形成驻波. 理论分析可知：在两端都为

固定端的情况下,只有满足弦的长度等于驻波半波长的整数倍时,才可形成驻波. 于是通过改变入射波波长(改变信号源的频率),或改变波速(改变弦的张力),都可以形成不同波长的驻波(不同的波形个数),即只有当振动频率 ν 和波速 u 以及弦线长度 l 之间满足 $\nu = n\dfrac{u}{2l}$ 这样的整数倍关系时才能形成稳定的驻波.

驻波在生活中有许多应用,如各种管弦类乐器就是利用驻波产生动听的声乐的.

【操作与效果】

(1)将信号源的频率和电压输出旋钮逆时针旋到头,使之处在最低状态,打开电源.

(2)固定弦的张力调节手轮,适当增大电压输出至弦平稳振动,然后缓慢增加信号源的输出频率,直至出现弦驻波.

(3)观察弦上形成的驻波现象,思考形成驻波的条件,注意弦线上各点振动的不同,总结驻波特点.

(4)多次改变频率,适当调节电压输出,可观察到不同的弦驻波.

(5)将信号源的输出频率固定,调节弦的张力调节手轮,改变弦线的张力,观察弦上不同的驻波状态,弦上将依次出现不同个数的波腹与波节.

(6)实验完毕,将振源的频率和输出电压均调至最小,关闭电源.

【注意事项】

(1)调节输出频率和输出电压时,一定要细心、缓慢,才能达到实验的最佳效果.

(2)改变弦线的张力时,务必注意用力不能过大,以免损坏振源.

【思考题】

(1)为什么改变张力调节手轮能观察到不同的驻波状态?弦振动的驻波波长与弦线张力有何关系?

(2)演奏吉他时,为什么用手指按压弦线的不同部位,就能弹出不同的音调?

实验 7　环 形 驻 波

【实验目的】

演示环形圈上的驻波现象,通过调试观察环上形成不同波长的驻波,了解驻波的特点,加深对驻波形成条件的理解.

【实验装置】

实验装置如图 4.1.13 所示,其演示效果见图 4.1.14.

图 4.1.13　环形驻波演示仪

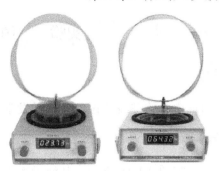

图 4.1.14　演示效果图

【实验原理】

驻波是一种干涉的叠加现象，它广泛存在于各种振动现象中，管、弦、膜、板的振动，都是驻波振动，在声学、无线电学和光学等学科中都有重要的应用.

环形驻波演示仪的振动频率和振动幅度分别可调，振动频率由五位数码管显示，实验内容直观且重复性好，由驱动膜的振动，进而驱动软性环形圈、弹簧和金属片，通过频率调节可以观察到稳定的驻波现象.

【操作与效果】

(1)将振幅输出电位器调至较小，打开电源.

(2)从 10Hz 开始缓慢调节频率输出，在频率为 24Hz 左右，可见 3 个波腹的环形驻波；精细调节振动频率旋钮，可见振幅最大且稳定的驻波；适当调节振幅旋钮，使输出效果较好.

(3)缓慢提高频率，可依次观察到波腹数为 5、7、9 等的环形驻波.

(4)实验完毕，收好仪器.

【注意事项】

(1)因振动的破坏性较强，故实验中本仪器须时刻照看；

(2)实验中应随时调节振幅输出，听到连接不牢固等杂音即关小振幅输出，关闭电源，固定妥当后再实验；

(3)不得旋转环形圈，以免损坏振动膜；

(4)振动输出过大会引起失真且不稳定，可适当减小.

【思考题】

(1)如何应用本实验原理测定共振频率？

(2)驻波现象在生活中有哪些应用和危害？

实验8 鱼 洗

【实验目的】

演示鱼洗中水的驻波共振现象，激发学生探索物理现象的兴趣.

【实验装置】

实验装置如图 4.1.15 所示，其演示效果见图 4.1.16.

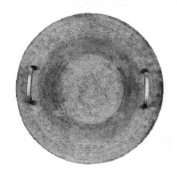

图 4.1.15 鱼洗

图 4.1.16 鱼洗喷水效果图

【实验原理】

两列频率相同、振动方向平行、相位差恒定的相干波，若振幅相同，并且沿相反方向在同一直线上传播时，在相遇区域叠加后会形成驻波. 驻波有以下特点：各质点只在自己的平衡位置附近振动，各质点的振幅不同，随位置而变，振幅最大的点为波腹，最小的点为波节. 相邻两波节间的各质点相位相同，波节两侧各质点的相位相反. 能量在波节与波腹之间来回传递，而不能被传出去.

鱼洗是古代的盥洗工具，由金属制成，因盆底刻有鱼纹故称为鱼洗. 它的大小像一个洗脸盆，底是扁平的，盆沿左右各有一个把柄，称为洗耳，盆底刻有四条鲤鱼，鱼与鱼之间刻有四条河图抛物线. 当盆内注入一定量清水，用潮湿双手来回摩擦洗耳时，可观察到伴随着鱼洗发出的嗡鸣声中有如喷泉般的水珠从四条鱼嘴中喷射而出，水柱可高达几十厘米.

当用手摩擦洗耳时，洗耳将作受迫振动，形成铜盆的自激振荡，振动形成的横波沿盆壁传播，反射后将形成二维驻波. 在盆壁任一水平剖面上，盆壁振动均可视为一环形驻波(但不同高度上环形驻波的振幅均不相同). 在驻波波腹处，盆壁振动方向与水面平行，振幅最大，振动最强烈，激荡水面，形成水的表面张力波. 当剧烈振动使水具有的动能大于表面张力限定的势能时，水冲破表面形成水柱，且能克服重力向上运动, 破裂形成喷射的水花. 若把鱼嘴设计在水柱喷涌处, 水花就像从鱼的嘴里喷水一样.

由于鱼洗呈圆盆形, 其驻波形式为 $2n$ 个波节和 $2n$ 个波腹, 它们等距离地沿圆周分布. 当然最容易产生的是数值较低的基频振动, 也就是由四个波腹和四个波节组成的振动形态.

【操作与效果】

(1)在鱼洗盆中盛入适量的水, 将盆放在软垫上或在盆底部垫一毛巾, 用肥皂将双手洗干净, 并将手掌用水打湿.

(2)将两手掌分别平放在鱼洗盆的两个洗耳上, 来回搓动洗耳, 会感到洗耳在手下振动, 同时会听到"嗡嗡"的蜂鸣声.

(3)适当增加摩擦力, 当蜂鸣声大到一定程度时, 就会有水花四溅. 继续用手摩擦洗耳, 可使水花喷溅得很高, 达几十厘米, 就像从鱼的嘴里喷水一样.

(4)改变水量的多少, 可使鱼洗产生不同波腹个数的驻波, 如 4 个、6 个、8 个等, 其中 4 节振动是它的基频振动, 激起的水柱最高, 浪花最大, 最容易观察到.

(5)实验时, 一边观看水花的喷射, 一边注意观察水面上振动的波纹分布.

(6)实验完毕, 把盆中的水倒掉, 收好装置.

【注意事项】

(1)手要洗得足够干净, 不能有手油, 否则不能产生鱼洗现象;

(2)做本实验要有耐心, 水花喷射的高度基本上与人手摩擦洗耳的快慢无关.

【思考题】

(1)为什么鱼洗水花的产生与双手的摩擦频率没有关系?

(2)鱼洗原理在生活中有哪些应用实例?

4.2　演示室实验

实验 9　超 声 雾 化

【实验目的】

演示超声雾化现象, 让学生了解超声雾化的工作原理.

【实验装置】

实验装置如图 4.2.1 所示.

图 4.2.1　超声雾化器

【实验原理】

实验通过陶瓷雾化片的高频谐振, 其振荡频率为 1.7MHz 或 2.4MHz, 产生超声波, 将液态水分子结构打散而产生自然飘逸的水雾. 与加热雾化方式比较, 能源节省了 90%. 另外, 在雾化过程中将释放大量的负离子, 其与空气中飘浮的烟雾、粉尘等产生静电式反应, 使其沉淀, 同时还能有效去除甲醛、一氧化碳、细菌等有害物质, 使空气得到净化, 减少疾病的发生.

【操作与效果】

(1) 在水槽中注入适量的清水.
(2) 打开电源, 稍过片刻即可观察到实验现象.

【注意事项】

注意周围环境亮度不要太亮或太暗以免影响观察.

4.3　模拟仿真实验

实验 10　单摆测量重力加速度

【实验目的】

利用单摆测量重力加速度, 学习进行简单设计性实验的基本方法, 分析基本误差的来源及进行修正的方法.

【仿真仪器】

仿真仪器如图 4.3.1 所示.

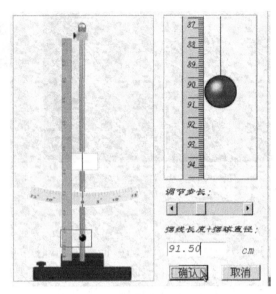

图 4.3.1　单摆装置仿真平台

【实验原理】

单摆的周期公式为 $T = 2\pi\sqrt{\dfrac{l}{g}}$，通过测量周期 T、摆长 l 可求重力加速度 g.

【实验内容】

(1) 用误差均分原理设计单摆装置，测量重力加速度 g；

(2) 对重力加速度 g 的测量结果进行误差分析和数据处理，检验实验结果是否达到设计要求；

(3) 自拟实验步骤研究单摆周期与摆长、摆角、悬线的质量和弹性系数、空气阻力等因素的关系，分析各项误差的大小.

实验 11　凯特摆测量重力加速度

【实验目的】

学习凯特摆的设计思想和技巧，掌握一种精确测量重力加速度的方法.

【仿真仪器】

仿真仪器如图 4.3.2 所示.

图 4.3.2　凯特摆仿真平台

【实验原理】

1818 年，凯特设计出一种物理摆，他巧妙地利用物理摆的共轭点，避免和减少了某些不易测准的物理量对实验结果的影响，提高了测量重力加速度的精度.

凯特摆由一根带有两个支点的均匀棒构成，这一对支点分别做成刀口 O_1 和 O_2. 凯特摆可分别绕过刀口 O_1（正悬挂）和 O_2（倒悬挂）的转轴做定轴转动. 棒上装有可移动的物体，其位置可以沿摆长的方向改变. 在实验中当两刀口位置确定后，正、倒悬挂时的摆动周期分别为 T_1 和 T_2

$$T_1 = 2\pi\sqrt{\frac{J_G + mh_1^2}{mgh_1}}$$

$$T_2 = 2\pi\sqrt{\frac{J_G + mh_2^2}{mgh_2}}$$

式中 J_G 为凯特摆对过重心 G 的轴的转动惯量，T_1 和 h_1 分别为摆正悬挂时绕刀口 O_1 轴的摆动周期和 O_1 轴到重心 G 的距离，T_2 和 h_2 分别为摆倒悬挂时绕刀口 O_2 轴的摆动周期和 O_2 轴到重心 G 的距离.

通过调节 A、B、C、D 四摆锤的位置直到 $T_1 \approx T_2$ 时，两刀口间的距离 $l = h_1 + h_2$ 就是该摆的等效摆长. 由上式消去 J_G 可得

$$\frac{4\pi^2}{g} = \frac{T_1^2 + T_2^2}{2l} + \frac{T_1^2 - T_2^2}{2(2h_1 - l)}$$

此式中 l、T_1、T_1 都是可以精确测定的量，而 h_1 则不易测准. 由此可知，等式右侧第一项可以精确求得，而第二项则不易精确求得. 但当 $T_1 \approx T_2$ 以及 $|2h_1 - l|$ 的值较大

时，第二项相对第一项可忽略不计，最终测量公式为

$$g = \frac{8\pi^2 l}{T_1^2 + T_2^2}$$

【实验内容】

(1) 测量凯特摆的等效摆长，粗略估算周期 T;

(2) 调节摆锤位置，测量 T_1、T_2;

(3) 计算重力加速度和不确定度.

实验 12　受 迫 振 动

【实验目的】

测量弹簧重物振动系统的阻尼常数、共振频率，加深对阻尼振动和受迫振动特性的理解.

【仿真仪器】

仿真仪器如图 4.3.3 所示.

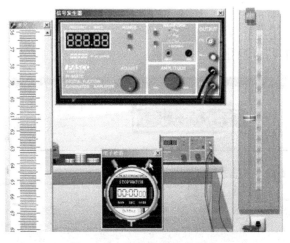

图 4.3.3　受迫振动仿真平台

【实验原理】

本实验主要研究弹簧重物振动系统的运动. 振动中系统所受力有弹性力、阻尼力，以及一个做正弦变化的力. 受迫振动中重物放在两个弹簧中间，竖直放置. 静止

平衡时，重物所受合外力为零，当重物偏离平衡位置时，系统开始振动. 由于阻尼衰减，系统最终停止振动. 耦合振动系统由三个劲度系数相同的弹簧和两个质量相同的重物组成. 系统有两个共振频率点，一种运动状态的频率为 $f_1 = \dfrac{1}{2\pi}\sqrt{\dfrac{k}{m}}$ ，此时两重物运动方向一致. 另一种运动状态频率为 $f_2 = \dfrac{\sqrt{3}}{2\pi}\sqrt{\dfrac{k}{m}}$ ，此时两重物运动方向相反.

【实验内容】

(1) 测量弹簧的劲度系数；
(2) 模拟阻尼振动，测量阻尼系数，计算系统的振动频率；
(3) 模拟受迫振动，测量并绘制振幅−频率曲线；
(4) 模拟耦合振动，测量并绘制振幅−频率曲线，计算两个共振频率点.

实验 13　超声波声速的测量

【实验目的】

演示驻波法和相位法测声速，了解超声波的发射和接收方法，加深对振动合成等理论知识的理解.

【仿真仪器】

仿真仪器如图 4.3.4 所示.

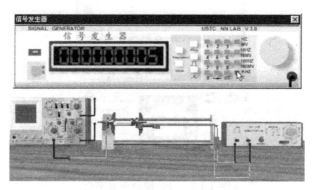

图 4.3.4　超声波声速的测量仿真平台

【实验原理】

根据波长、波速与频率的关系 $u = \lambda f$ ，若已知频率和波长，可求出波速. 本实验通过低频信号发生器控制换能器，发生器的输出频率就是声波频率. 声波波长用驻波法和行波法(相位比较法)测量.

驻波法中，各点振幅最大的位置为波腹，各点振幅最小的位置为波节，相邻两波腹(或波节)之间的距离为半个波长，从而可测出波长.

相位比较法测波长时，根据波长与相位的关系，波每向前传播一个波长，相位差改变 2π，即相位差 $\varphi = 2\pi x/\lambda$，这样利用李萨如图形可测得超声波的波长.

【实验内容】

(1) 用驻波法测超声波波长和声速；

(2) 用相位比较法测波长和声速.

第5章

光 学

5.1 随堂演示实验

实验1 激光干涉

【实验目的】

演示绿激光分别通过双缝、双棱镜、洛埃镜、劈尖后产生的干涉现象，定性地分析条纹间距的变化，了解产生相干光的分波阵面法和分振幅法，加深对双缝干涉和等厚干涉规律的理解.

【实验装置】

实验装置如图5.1.1所示，其演示效果见图5.1.2.

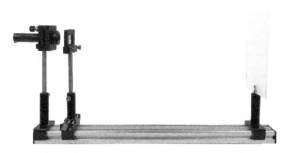

图5.1.1 绿激光干涉综合演示仪

图5.1.2 演示效果图

【实验原理】

两光波的频率相同、振动方向相同、相位差恒定时称为相干光，相干光相遇时能够产生干涉现象. 但由于原子发光的随机性，普通光源上任意两点发出的光波不是相干光.

获得相干光的一种方法为分波阵面法:即将点光源的波阵面分割为两部分,使之分别通过两个光具组,经反射、折射或衍射后交叠起来,在一定区域形成干涉. 如图 5.1.3~图 5.1.5 所示,杨氏双缝、菲涅耳双棱镜和洛埃镜等都是分波阵面干涉装置,其相邻干涉条纹的间距 Δx 均满足:$\Delta x = \dfrac{D}{d}\lambda$,其中 λ 是单色光源的波长,d 是分波阵面后两相干光源 S_1 和 S_2 的间距,D 是两光源到观测屏的距离.

获得相干光的另一种方法为分振幅法:将一束光照射到两种透明介质的分界面上分为两部分:一部分反射,另一部分经折射、反射、再折射后与前一部分相遇发生干涉. 最简单的分振幅干涉装置是薄膜,利用透明薄膜的上下表面对入射光的依次反射,由这些反射光波在空间相遇而形成干涉现象. 透射光的干涉现象与反射光类似. 如图 5.1.6 所示,劈尖就是典型的薄膜干涉装置.

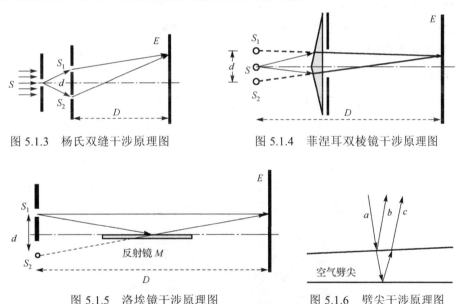

图 5.1.3 杨氏双缝干涉原理图 图 5.1.4 菲涅耳双棱镜干涉原理图

图 5.1.5 洛埃镜干涉原理图 图 5.1.6 劈尖干涉原理图

【操作与效果】

(1)把激光器、支架、光屏依次置于光具座上.

(2)将双缝夹在支架上,打开激光器电源,调节双缝位置和高度,使激光打到双缝上.

(3)观察光屏(或墙面)上的双缝干涉条纹,分析干涉条纹的特点.

(4)微调双缝位置,使激光打在最窄的狭缝上,观察干涉条纹的间距,然后再打在较宽的狭缝上,观察干涉条纹的间距,发现狭缝越宽,干涉条纹间距越小,条纹越密,说明在其他因素一定的情况下,条纹间距与缝宽成反比.

(5)改变双缝与光屏的距离,观察条纹的变化情况,可观察到缝离屏越远,条纹间距越大,条纹越疏,说明在其他因素一定的情况下,条纹间距与缝到屏的距离成正比.

(6)将双缝换为双棱镜元件,调节其位置,使激光束垂直入射在双棱镜接缝处,观察干涉条纹,并分析其形成原因.

(7)将双棱镜换为洛埃镜,调节洛埃镜的位置和角度,使激光束掠射过洛埃镜表面,观察干涉条纹,并分析条纹形成的原因.

(8)将洛埃镜换为劈尖元件,调节劈尖位置,使激光束垂直入射到劈尖上,观察干涉条纹的形状,并分析其形成原因.

(9)关闭激光电源,归并仪器.

【注意事项】

(1)请注意保持干涉元件表面洁净;

(2)光学元件为玻璃器件,要轻拿轻放,小心摔碎;

(3)保证光路的准直.

【思考题】

(1)双缝、双棱镜、洛埃镜、劈尖的干涉条纹有什么异同?

(2)同样情况下,若实验中将绿激光改为红激光,干涉条纹的宽度如何变化?

(3)将激光器换成日光灯能否观察到本实验的现象?

(4)应用本演示实验的原理检验光学表面的平整度:如图 5.1.7 所示,两个等厚干涉条纹,其中图(a)是表面平整的工件,图(b)是存在极小凸凹不平的工件.观测干涉条纹弯曲的情况,思考图(b)工件表面是凹痕还是凸痕.

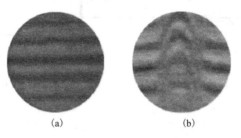

　　　　　(a)　　　　　　　　　　　　(b)

图 5.1.7　用等厚干涉条纹检验表面平整度

实验 2　牛　顿　环

【实验目的】

演示激光通过牛顿环后产生的干涉现象,定性和定量地分析条纹间距的变化,加深理解等厚薄膜干涉的原理.

【实验装置】

实验装置如图 5.1.8 所示，其演示效果见图 5.1.9.

图 5.1.8 大型两用牛顿环元件演示仪

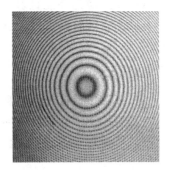

图 5.1.9 演示效果图

【实验原理】

牛顿环是典型的等厚薄膜干涉，如图 5.1.10 所示. 牛顿环装置主要由一块曲率半径很大的平凸透镜和一块平板玻璃组成，两者之间形成劈形空气薄膜，当用单色平行光垂直射向平凸透镜时，从尖劈形空气薄膜上、下表面反射的两束光相互叠加而产生等厚干涉条纹，其形状是一组明暗相间、内疏外密的同心圆环.

根据薄膜的干涉理论可知，波长为 λ 的单色光垂直入射到空气薄层厚度为 e 处，两反射光间的光程差为

$$\delta = 2e + \frac{\lambda}{2} = \frac{r^2}{R} + \frac{\lambda}{2}$$

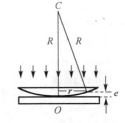

图 5.1.10 牛顿环干涉原理图

式中 R 是平凸透镜凸面的曲率半径. 由此可得牛顿环的半径

$$r = \begin{cases} \sqrt{\left(k - \dfrac{1}{2}\right) R\lambda} & (k = 1, 2, \cdots) \quad \text{（明条纹）} \\ \sqrt{kR\lambda} & (k = 0, 1, 2, \cdots) \quad \text{（暗条纹）} \end{cases}$$

【操作与效果】

(1) 接通电源，打开激光.

(2) 使激光通过牛顿环打到白屏上，可观察到牛顿环图样.

(3) 分析牛顿环图样特点，观察中心是暗纹还是亮纹，条纹疏密情况等，对所观察到的条纹特点进行分析.

(4)关闭激光电源, 归并仪器.

【注意事项】

(1)注意激光不能直射人眼;

(2)牛顿环要固定紧, 小心牛顿环的玻璃片掉落地上打碎, 同时又不能过紧, 以免发生形变, 损坏仪器.

【思考题】

(1)分别上下移动激光和牛顿环的位置, 条纹将如何变化?

(2)为什么牛顿环的干涉条纹间距不相等?

(3)根据实验中测得的数据, 如何估算透镜的曲率半径?

实验 3　绿激光衍射

【实验目的】

演示绿激光通过圆孔、单缝、障碍物等衍射物后产生的衍射现象, 了解衍射图样随衍射物尺寸和形状的变化规律.

【实验装置】

实验装置如图 5.1.11 所示, 其衍射效果见图 5.1.12 和图 5.1.13.

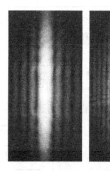

图 5.1.11　绿激光衍射综合演示仪　　　　图 5.1.12　单缝衍射效果图

图 5.1.13　圆孔衍射效果图

【实验原理】

光波在传播过程中遇到障碍物后,绕过障碍物的边缘传播的现象称为光的衍射.由于可见光的波长很短,只有 400～760nm,通常物体都比它大得多,因此衍射现象不明显;只有当障碍物(如狭缝、细丝、针孔、针尖等)的尺寸与光的波长可比拟时,才可能观察到显著的衍射现象.

光的衍射不仅仅表现出"绕弯"传播现象,而且能产生明暗相间的图样,这表明光波场中的能量会重新分布.用单色光照射时,衍射条纹的明暗分布清晰;用白光等复色光照射时,则看到的衍射图样是彩色的.

【操作与效果】

(1)把激光器、支架、光屏依次置于光具座上.

(2)将衍射屏夹在支架上,打开激光器电源,调节双缝位置和高度,使激光打到衍射屏的单缝上.

(3)观察光屏(或墙面)上的单缝衍射条纹,分析衍射条纹的特点.

(4)微调衍射屏位置,使激光打在不同大小的圆孔上,观察衍射条纹的特点,并对衍射条纹进行分析.

(5)微调衍射屏位置,使激光打在不同大小的障碍物上,观察衍射条纹的特点,并对衍射条纹进行分析.

【注意事项】

(1)注意保持衍射物表面洁净;

(2)仪器设备要轻拿轻放,防止损坏光学元件.

【思考题】

(1)选用不同缝宽的狭缝,观察屏上明暗条纹特点,有何变化?

(2)将衍射物向靠近激光器方向移动,条纹间距有何变化?

(3)若用白光作为光源,单缝衍射有何特点?

实验 4　一 维 光 栅

【实验目的】

演示激光通过一维光栅后产生的衍射现象,了解光栅衍射的特点,更好地理解光栅衍射的规律.

【实验装置】

实验装置如图 5.1.14 所示.

图 5.1.14   一维光栅与演示效果图

【实验原理】

光栅是由一组相互平行的等宽等间隔的狭缝构成的光学仪器，它是光谱仪、单色仪等许多光学精密仪器的重要元件. 一束单色光垂直照射在光栅上，通过每个单缝时都发生衍射，且衍射条纹在屏上完全重合，而从各个单缝发出的光又是相干光，因此光栅衍射图样是单缝衍射和多缝干涉的综合效果. 光栅衍射图样的特点是条纹细而明亮、间距较宽.

设光栅的光栅常量为 d，缝宽为 a，单色光波长为 λ. 对于衍射角 θ，光栅上任意两相邻狭缝发出的光经透镜聚焦到屏上 P 点时的光程差 $\delta = d\sin\theta$. 当衍射角满足 $d\sin\theta = \pm k\lambda$ 时，屏上出现明条纹，此式称为光栅方程，满足光栅方程的明条纹称为主极大，其中 $k = 0,1,2,\cdots$ 称为主极大级次.

光栅衍射原理图见图 5.1.15，光栅衍射光强分布示意图见图 5.1.6.

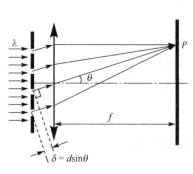

图 5.1.15   光栅衍射原理图

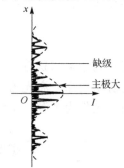

图 5.1.16   光栅衍射光强分布示意图

当衍射角同时满足光栅明条纹条件和单缝衍射暗纹条件时，主极大出现缺级现象. 所缺级次 $k = \dfrac{d}{a}k'$，其中 $k' = 1,2,\cdots$ 是单缝衍射的暗纹级次.

【操作与效果】

(1)用激光笔照在一维光栅上,可在较远处的白色墙上看到光栅的衍射图样,即一个个分散开的明暗不等的亮点.

(2)仔细观察衍射图样,查找缺级,并分析缺级原因.

【注意事项】

(1)光栅是玻璃制品,小心不要打碎它;

(2)尽量降低背景光对实验的影响.

【思考题】

如果分别使用红色和绿色激光进行一维光栅衍射实验,那么条纹间距有差别吗?缺级的级数有差别吗?

实验5 手持式大偏振片

【实验目的】

演示自然光的起偏、偏振光的检偏,通过观察光的偏振现象,更好地理解马吕斯定律.

【实验装置】

实验装置如图 5.1.17 所示.

图 5.1.17 偏振片演示效果图

【实验原理】

二向色性的有机晶体(如硫酸碘奎宁、电气石或聚乙烯醇薄膜)在碘溶液中浸泡后，在高温下拉伸、烘干，然后粘在两个玻璃片之间就形成了偏振片．它有一个特定的方向，只让平行于该方向的光振动通过，这一方向称为偏振化方向．

自然光通过偏振片时，只有平行于偏振片偏振化方向的光矢量能透过，成为线偏振光，这一过程称为起偏，因此偏振片可以用作起偏器．自然光通过偏振片后光强变为原来的一半．如图 5.1.18 所示，若自然光的光强为 I_0，则 $I_1 = \dfrac{I_0}{2}$．

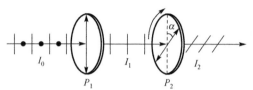

图 5.1.18　偏振片的起偏和检偏原理图

线偏振光通过偏振片时，通光状态与偏振片的偏振化方向和入射线偏振光的偏振方向的夹角 α 有关．马吕斯定律表明，光强为 I_1 的线偏振光，透过偏振片后，透射光的强度为 $I_2 = I_1 \cos^2 \alpha$．将偏振片对准偏振光并旋转偏振片，透射光强将随 α 的变化而变化，因此可用偏振片进行检偏．

【操作与效果】

(1)手持一个大偏振片，正对光源(如白炽灯)，转动偏振片，可观察到透过偏振片的光强无变化．

(2)双手各持一个大偏振片，并将两偏振片中心重叠，正对光源，转动其中一个偏振片，可观察到通过两偏振片的光强由明到暗再到明的变化．

【注意事项】

(1)请注意保持偏振片表面洁净．

(2)防止仪器掉地上摔碎．

【思考题】

(1)用偏振片进行起偏时，自然光的光强为何变为原来的一半？

(2)用偏振片对线偏振光进行检偏时，什么情况下透射光强最强？什么情况下透射光强为零？

(3)如何确定某束光是自然光、线偏振光还是部分偏振光？

(4)如何用光的偏振解释 3D 电影的原理？

实验 6　反射起偏与检偏

【实验目的】

演示反射光的偏振现象和偏振光的干涉现象，更好地理解起偏、检偏以及布儒斯特定律．

【实验装置】

实验装置如图 5.1.19 所示，其演示效果见图 5.1.20.

图 5.1.19　反射起偏与检偏演示仪　　　　　图 5.1.20　演示效果图

【实验原理】

自然光在两种各向同性介质分界面上反射、折射时，不仅光的传播方向发生改变，而且光的振动状态也会发生改变. 一般地，反射光和折射光均为部分偏振光. 如图 5.1.21 所示，反射光中垂直于入射面的光振动多于平行于入射面的光振动，折射光中平行于入射面的光振动多于垂直于入射面的光振动.

当入射角满足一定条件时，反射光和折射光的传播方向相互垂直. 如图 5.1.22 所示，反射光为只有光振动垂直于入射面的线偏振光，折射光仍为部分偏振光. 此时的入射角 i_b 称为起偏角，与其折射角 r_b 满足关系 $i_b + r_b = 90°$. 设上、下介质的折射率分别为 n_1、n_2，根据折射定律得 $n_1 \sin i_b = n_2 \sin r_b$，　$\sin r_b = \cos i_b$，可得

$$\tan i_b = \frac{n_2}{n_1}$$

此关系称为布儒斯特定律，因此起偏角 i_b 又称布儒斯特角.

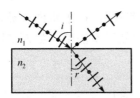 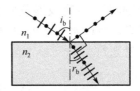

图 5.1.21　反射光和折射光的偏振状态原理图　　　图 5.1.22　布儒斯特定律

实验中，当光线的入射角为布儒斯特角时，反射光是线偏振光；将上反射面调至布儒斯特角时，上、下两反射面相互垂直，会观察到偏振消光现象；在两反射面上加入用不同厚度的晶片做成的图案，会出现彩色的偏振光干涉图像. 图 5.1.23 为反射起偏与检偏演示仪示意图.

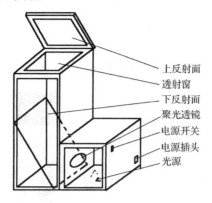

上反射面
透射窗
下反射面
聚光透镜
电源开关
电源插头
光源

图 5.1.23   反射起偏与检偏演示仪示意图

【操作与效果】

(1)接通电源，打开电源开关，灯泡发光.

(2)旋开上反射面的锁紧螺丝，调整上反射面的角度，会观察到光源经下、上反射面的光斑. 当上反射面调至布儒斯特角时(约 57°)，会观察到光斑隐去的消光现象.

(3)固定上反射面，在透射窗上放置玻晶片，通过上反射面观察玻晶片，会看到偏振光干涉图像.

【注意事项】

搬动仪器时注意不要将里面的玻璃掉下打破.

【思考题】

(1)通过一个偏振片分别观察太阳光、从湖面反射的太阳光，如何判断观察到的是自然光、部分偏振光还是线偏光?

(2)拍摄水下的景物或展览橱窗中的陈列品的照片时，由于水面或玻璃会反射出很强的反射光，所以水面下的景物和橱窗中的陈列品看不清楚，如何消除玻璃窗或水面的强反射光?

实验 7 双 折 射

【实验目的】

演示绿激光通过双折射晶体后产生的双折射现象，了解晶体的特性，更好地理解光的双折射规律.

【实验装置】

实验装置如图 5.1.24 所示.

图 5.1.24 便携式双折射演示仪与演示效果图

【实验原理】

一束自然光由空气入射到各向同性介质时，通常只有一束折射光. 然而，当入射到方解石晶体等各向异性介质时，如图 5.1.25(a)所示，在介质中将出现两束折射光，而且它们沿不同方向折射，这种现象称作双折射.

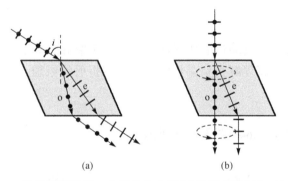

(a)   (b)

图 5.1.25 双折射原理图：入射角为非零(a)和零(b)时的 o 光和 e 光

对于双折射的两束折射光，其中一束遵守通常的折射定律，称寻常光(o 光)；另一束不遵守折射定律，称非寻常光(e 光)，这束折射光不一定在入射面内，而且对于不同的入射角 i，$\sin i/\sin r$ 不是恒量，其中 r 是折射角. 甚至在入射角 $i=0$ 时，如图 5.1.25(b)所示，寻常光显然沿入射光方向前进，而非寻常光一般不沿入射光方向前进；这时，如果以入射光线为轴转动介质，将发现 o 光不动，而 e 光随着介质的转动而旋转.

【操作与效果】

(1)把激光器、双折射晶体、光屏依次置于光具座上.

(2)打开激光器电源,调节光路使激光束对准双折射晶体的入射窗口,在光屏上可观察到两个光点,它们是分别从晶体中射出的 o 光和 e 光.

(3)旋转双折射晶体,可看到一个光点不动,另一个光点绕着不动的光点转,即 e 光绕着 o 光转.

(4)关闭激光电源,归并仪器.

【注意事项】

演示中降低背景光和适当扬尘,有助于观察光束的传播路线.

【思考题】

(1)o 光和 e 光的偏振方向有何特点?

(2)若在入射的自然光前面加一偏振片,即线偏振光入射到方解石晶体时,会出现双折射现象吗?

实验 8　正负晶体模型

【实验目的】

演示自然光通过正负晶体的传播情况,直观了解 o 光和 e 光在晶体内的传播速率及波阵面特点,加深理解正负晶体的不同和双折射的原理.

【实验装置】

实验装置如图 5.1.26 和图 5.1.27 所示.

图 5.1.26　正晶体模型

图 5.1.27　负晶体模型

【实验原理】

一束自然光入射到各向异性介质时通常会发生双折射现象,其折射光有两束,分别是寻常光(o 光)和非寻常光(e 光). 改变入射光的方向时, 在某些介质内部有一个或多个确定的方向, 光沿此方向传播时不产生双折射, 即 o 光和 e 光不再分开, 这些确定的方向称为介质的光轴. 晶体中仅有一个光轴方向的为单轴晶体, 如方解石、石英等; 具有两个光轴方向的为双轴晶体, 如云母、硫黄等.

对于单轴晶体, o 光和 e 光在晶体内的传播速率不同, 因而在介质内将形成不同的波阵面. 如图 5.1.28 所示, o 光沿各方向的速率 v_0 相同, 在晶体内形成的子波波阵面是球面; e 光沿各方向的速率 v_e 不同, 在晶体内的子波波阵面是以光轴为轴的旋转椭球面. 其中, 光轴方向上, o 光和 e 光的速率相等, 因此两波阵面在光轴方向上相切; 垂直于光轴方向上, 两者传播速率相差最大.

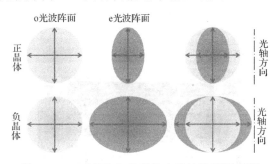

图 5.1.28　正晶体和负晶体中的波阵面原理图

根据 v_0 和 v_e 的大小关系, 晶体可分为正晶体和负晶体两类: $v_0 > v_e$ 的为正晶体, 如石英, 其波阵面是 o 光的球面包围 e 光的椭球面; $v_0 < v_e$ 的为负晶体, 如方解石, 其波阵面则是 e 光的椭球面包围 o 光的球面.

【操作与效果】

(1)观察正晶体模型, 其中透明球面为 o 光子波的波阵面, 说明 o 光沿各个方向的传播速率相等; 深灰色椭球面为 e 光子波的波振面, 说明 e 光沿各个方向的传播速率不等; 透明球面在深灰色椭球面外面, 说明正晶体中 $v_0 > v_e$; 两个波面在晶体的光轴方向相切, 说明任何子波沿光轴方向的传播速率相同, 不发生双折射现象.

(2)同样观察负晶体模型, 注意负晶体中由于 $v_0 < v_e$, 所以透明球面在里面, 深灰色椭球面在外面, 两者在晶体的光轴方向仍然相切.

【注意事项】

模型与底座没有固定, 演示中要轻拿轻放, 避免损坏设备.

【思考题】

如何用惠更斯作图法画出光轴在入射面内且不垂直于晶体表面产生的双折射现象?

5.2   演示室实验

实验 9   几何光学综合演示

【实验目的】

演示几何光学中的折射、反射、全反射等现象，加深对透镜和组合透镜成像原理的理解.

【实验装置】

实验装置如图 5.2.1 所示.

图 5.2.1   几何光学综合演示仪

【实验原理】

本仪器采用半导体激光器，电流可调，性能稳定，成像清晰. 实验中，如图 5.2.2 所示，三路光束分别经过三个全反镜反射后，直接投射到光屏上，显示出可自由调节的光路. 由于光屏的磁力作用，可使光学元件(透镜)停留在光屏的中轴位置，从而简便地演示出几何光学的成像光路.

【操作与效果】

接入 220V 交流电源，打开上盖，撑架固定好. 旋转激光的反射镜，使光路反射向上(即 90°)，使光移到中点，通过可调节元件形成扇形光路，使光路投射到分光镜中心，形成三条平行的清晰光线.

(1)演示半圆镜的折射现象、全反射现象，测定临界角.

(2)演示直角棱镜的全反射现象、潜望镜原理.

(3)演示平面反射镜的成像原理.

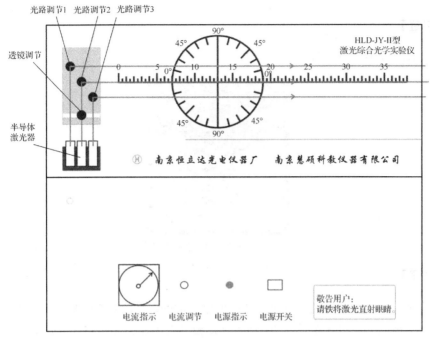

图 5.2.2 实验装置示意图

(4)演示凹面镜的会聚作用,测定实焦点.

(5)演示凸面镜的发散作用和成像原理,测定虚焦点.

(6)演示凸透镜的成像规律.

(7)演示开普勒望远镜成像原理、伽利略望远镜成像原理.

(8)演示近视眼和远视眼的矫正原理.

【注意事项】

(1)实验过程中将镜片放在实验板时,注意安全;

(2)实验完毕后,将靠近激光管的平面镜调为水平,以防合上仪器上盖时被碰触而损坏;

(3)在暗室中做实验,效果更好.

实验 10 窥 视 无 穷

【实验目的】

演示窥视无穷现象,了解平面镜成像的特点和平面镜之间多次反射成像的规律.

【实验装置】

实验装置如图 5.2.3 所示.

图 5.2.3   窥视无穷演示效果图

【实验原理】

"窥视无穷"是由两个相互平行的平面镜组成的，靠近我们的是一块镀膜玻璃板，距离我们较远的则是一块全反光镜. 镀膜玻璃板具有半反光和半透光性，可多次反射成像，所以光线会在这两面镜间多次反射，形成了一连串的镜像，如图 5.2.4 所示.

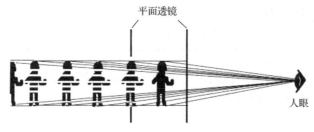

图 5.2.4   实验原理图

由于镜面的反射光总是弱于入射光，所以这种反射的次数越多，像就越暗、越模糊. 而且，每反射一次，像与镜的距离就扩大一倍，于是形成的像就组成了一条像的长廊，而我们也将这种能看到多个影像的现象叫作窥视无穷.

【操作与效果】

打开仪器电源开关，使仪器内的物体被灯光照亮，即可观察到有趣的"窥视无穷"现象.

【注意事项】

实验结束关闭电源.

实验 11 悬空的奥妙

【实验目的】

演示奇妙的悬空现象，加深对平面镜成像原理的理解.

【实验装置】

实验装置如图 5.2.5 所示.

图 5.2.5 悬空实验效果图

【实验原理】

实验装置由两面垂直安放的平面镜构成. 这是利用平面镜的镜像反射原理和人体的左右对称关系，形成"悬空"的虚像.

【操作与效果】

站在一块镜子边缘，使身体中轴线和镜子竖直边缘线尽量靠近. 抬起镜面一侧的手和腿，会在对面镜子中观察到你自己离地腾空的整幅虚像.

【注意事项】

镜子易碎，注意安全.

实验 12 同自己握手

【实验目的】

演示同自己握手的光学现象，了解凹面镜的成像规律.

【实验装置】

实验装置如图 5.2.6 所示.

图 5.2.6　同自己握手实验效果图

【实验原理】

实验装置由一个凹面反光镜构成. 凹面镜成像具有如下规律, 当物距小于焦距时成正立、放大的虚像, 物体离镜面越近, 像越小. 当物距等于一倍焦距时不成像, 当物距在一倍与二倍焦距之间时成倒立放大的实像, 物体离镜面越远, 像越小. 当物距等于二倍焦距时成等大倒立的实像. 当物距大于 2 倍焦距时, 成倒立、缩小的实像, 物体离镜面越远, 像越小. 成的实像与物体在同侧, 成的虚像与物体在异侧. 所以当实验者的手放在光轴二倍焦距处时, 其影像和手重合, 如同与自己握手.

凹面镜由于是反射成像, 不会出现色差, 这是任何透镜成像所不能比拟的优势. 望远镜的分辨率和物镜的通光口径成正比, 而制造大口径的透镜是极其困难的, 凹面镜则易于制造. 因此, 凹面镜常用于制作望远镜.

【操作与效果】

实验者站在演示装置前, 把手伸向凹面反光镜, 即可观察到与自己握手的现象.

【注意事项】

在演示过程中, 不要用手触摸凹面镜, 以免造成损坏.

实验 13　导光水柱

【实验目的】

演示水柱的弯曲导光现象, 了解光导纤维在光疏介质界面反射时全反射的工作原理.

【实验装置】

实验装置如图 5.2.7 所示.

图 5.2.7　导光水柱实验效果图

【实验原理】

实验装置主要由小水泵、激光器和水箱组成. 光由光密介质射到光疏介质的界面时，当入射角大于临界角时，光线全部被反射回原介质的现象称为全反射现象. 由于光在水中的折射率较大(光密介质)，当水柱弯曲时原来沿水柱传播的光束会随着水柱的弯曲而在水柱内作全反射，因此光线传播随着水柱的弯曲而弯曲. 这一导光原理与光导纤维的导光原理相同.

【操作与效果】

(1)打开水箱后部的激光器，当水箱中没有水时，激光光束通过水箱前部的出水口射出，打到房间的墙面上.

(2)启动水箱中的循环水泵，让水漫过水箱的出水口并从出水口稳定流出，落入下部的水槽中，此时可观察到光线随着水柱弯曲，不再打到房间的墙面上而是射向水槽的底部.

【注意事项】

开关板有电，注意不要泼到水以防触电.

实验 14　光　　岛

【实验目的】

演示几何光学的实验现象，了解光学元件对光线的作用规律.

【实验装置】

实验装置如图 5.2.8 所示.

图 5.2.8　光岛演示仪与实验效果图

【实验原理】

本演示仪器采用激光光源，发射出红色的可见光. 凸透镜让光线会聚，凹透镜使光线发散，棱镜使光线偏折. 当把不同的光学元件放置在光路中时，可以演示出平面镜、透镜和棱镜的作用下的光束反射、弯曲和光线的混合原理. 生动直观，可在教室里演示实验，不需暗室.

【操作与效果】

(1)调整仪器底座水平，打开光岛中心的光源，从光岛中心向四周射出各种单缝、多缝的光束.

(2)把光学元件放在这些光束前，就可以观察光束通过光学元件时光路的变化情况.

【注意事项】

光学透镜易碎，注意安全.

实验 15　菲涅耳透镜

【实验目的】

演示菲涅耳透镜成像，了解菲涅耳透镜的工作原理.

【实验装置】

实验装置如图 5.2.9 所示，其原理见图 5.2.10.

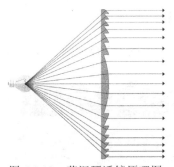

图 5.2.9 菲涅耳透镜实验效果图   图 5.2.10 菲涅耳透镜原理图

【实验原理】

菲涅耳透镜是由法国物理学家奥古斯汀·菲涅耳发明的，他在 1822 年最初使用这种透镜设计用于建立一个玻璃菲涅耳透镜系统——灯塔透镜.

菲涅耳透镜工作原理：假设一个透镜的折射仅仅发生在光学表面（如透镜表面），去掉尽可能多的光学材料，而保留表面的弯曲度. 另一种解释是，透镜连续表面部分 "坍陷" 到一个平面上. 从剖面看，其表面由一系列锯齿型凹槽组成，中心部分是椭圆型弧线. 每个凹槽都与相邻凹槽之间角度不同，但都将光线集中一处，形成中心焦点，也就是透镜的焦点. 每个凹槽都可以看作一个独立的小透镜，把光线调整成平行光或聚光. 所以，菲涅耳透镜又称阶梯透镜，即由 "阶梯" 形不连续表面组成的透镜. "阶梯" 由一系列同心圆环状带区构成，又称环带透镜. 通过菲涅耳透镜观察远处的物体，则物体的像是倒立的，而观察近处的物体时会产生正立放大的虚像，其成像效果类似于普通的凸透镜. 总体来说，菲涅耳透镜是个光学透镜，符合几何光学的直线传播定律、折射定律和反射定律.

【操作与效果】

一个人站在菲涅耳透镜和普通透镜后面，另一个人则站在透镜前就可以观察到前者放大的虚像.

【注意事项】

镜子易碎，注意安全.

实验 16 光 栅 光 谱

【实验目的】

演示氦、氖、氢、汞、氮气体的光谱，了解正交光栅的分光原理以及元素的光谱特性.

【实验装置】

实验装置如图 5.2.11 所示，其演示效果见图 5.2.12.

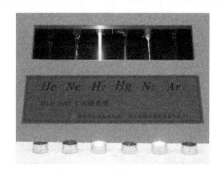

图 5.2.11　光栅光谱仪

图 5.2.12　演示效果图

【实验原理】

气体放电管由储气室和毛细管构成，其一端为阳极，另一端为阴极. 不同的气体放电管充以不同的气体，如氢气、氖气等. 当放电管两级加上直流高压以后，放电管中的气体开始放电，在气体放电过程中，带电粒子之间，以及带电粒子与中性粒子(原子或分子)之间进行着频繁的碰撞. 碰撞使中性粒子(原子或分子)由基态跃迁到激发态. 当原子或分子由激发态跃迁回到基态时发射光子. 气体放电发射的光谱与气体元素有关，因为不同原子(分子)的结构各不相同，能级也不相同，因此发射的光谱也彼此各异.

通过衍射光栅可以分别将各种光的光谱分离开来，随着谱线波长的增大，同一级衍射光谱的偏转角依次增大. 若采用正交光栅，则观察到的光谱线呈正交状地排列，各种颜色的谱线从中心向四周在二维方向上交叉展开，十分好看.

【操作与效果】

按下仪器上相应的气体放电管的按钮，用正交光栅可观察到这种气体放电灯管的光栅光谱.

【注意事项】

(1)在演示过程中，各种气体的发光灯管最好不要同时打开，以便于区分各种气体的光栅光谱；

(2)操作者手持光栅，透过光栅观察放电管即可看到光谱，光栅与放电管的距离以 1m 左右为宜.

实验 17 光栅立体画

【实验目的】

演示光栅立体画，了解光栅的分像原理.

【实验装置】

实验装置如图 5.2.13 所示.

图 5.2.13 光栅立体画效果图

【实验原理】

人眼观看物体之所以有立体感，是因为人的两只眼分别从不同的角度观察物体，存在一个视角差，所观察到的物体图像是不同的，这两个图像经人脑合成就成为物体的立体像.

光栅立体画是利用特种光学材料(通称光栅材料)在平面上展示出栩栩如生的立体世界，匪夷所思的立体效果. 手摸上去是平的，眼看上去是立体的，有突出的前景和深邃的后景，景物逼真. 各类型图像都可以做出立体效果，这是结合数码科技与传统印刷输出技术，用一组序列的立体图像去构成一张图片，图片表面覆盖着一层光栅. 光栅的作用是使图片上任何不同点的光线按特定的方向射入人的左眼与右眼，使左眼和右眼接收到不同的图像，从而产生立体的感觉. 通过这种途径，不需要借助任何工具，将图片直接放在眼前即可清晰感受三维立体画的奇妙乐趣.

根据光栅的特点主要分为两类，狭缝光栅通过透射光将图像的立体效果显示在人们的眼前，柱镜光栅通过反射光将图像的立体效果显示在人们的眼前.

【操作与效果】

站在画前仔细观察，可以看到不同层次、立体的风景图.

【注意事项】

不要用手触摸画面.

实验 18　偏振光现象

【实验目的】

演示偏振光的产生和检偏，了解 1/2 波片、1/4 波片的基本原理.

【实验装置】

实验装置如图 5.2.14 所示.

图 5.2.14　偏振光现象组合演示

【实验原理】

按照光的电磁理论，光波是电磁波，同时光波也是横波，具有偏振性. 如果光矢量的振动只限于某一确定方向，称为平面偏振光，亦称线偏振光；若光矢量随时间作有规律的变化，其末端在垂直于传播方向的平面上的轨迹呈椭圆(或圆)，则这样的光称为椭圆偏振光(或圆偏振光)；若光矢量的取向与大小都随时间作无规则变化，各方向的取向概率相同，则称为自然光；若光矢量在某一确定的方向上最强，且各向的电振动无固定相位关系，则称为部分偏振光.

通过偏振片和检偏器我们可以获得或检验偏振光. 转动检偏器，透过的光强会发生周期性的变化. 按照马吕斯定律，强度为 I_0 的线偏振光通过检偏器后，透射光的强度为

$$I = I_0 \cos^2 \theta$$

式中 θ 为入射偏振光的偏振方向与检偏器偏振化方向之间的夹角. 当偏振光通过 1/2 波片或 1/4 波片时，光的相位相应会改变 π 或 π/2，相当于光程改变了 1/2 波长或 1/4 波长.

【操作与效果】

(1)将激光器、起偏器、波片、检偏器、硅光电池座或光屏等安装在同一个光具座导轨上.

(2)根据需要适当调整起偏器和检偏器间的角度，即可进行相关的偏振光实验.

【注意事项】

做实验时各实验元件要共轴，对波片等光学器件要轻拿轻放，以防损坏.

实验 19 3D 电影

【实验目的】

观看 3D 电影，了解立体影像的原理.

【实验装置】

实验装置如图 5.2.15 所示，其效果见图 5.2.16.

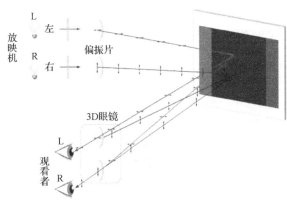

图 5.2.15 3D 电影原理图

图 5.2.16 3D 电影效果图

【实验原理】

3D 影像系统是由计算机、双投影仪及专用屏幕、3D 眼镜(偏振片)等组成的.

人的左右眼看同一对象，两眼所见角度不同，在视网膜上形成的像并不完全相同，这两个像经过大脑综合以后就能区分物体的前后、远近，从而产生立体视觉.

立体电影就是利用两台摄影机仿照人眼视角同时拍摄，拍摄下景物的双视点图像. 再通过两台放映机，把两个视点的图像同步放映，使这略有差别的两幅图像显示在银幕上，这时如果用眼睛直接观看，看到的画面是重叠的，有些模糊不清，要看到立体影像，就要采取措施，使左眼只看到左图像，右眼只看到右图像，如在每架放映机前各装一块方向相反的偏振片，它的作用相当于起偏器，从放映机射出的光通过偏振片后，就成了偏振光，左右两架放映机前的偏振片的偏振方向互相垂直，因而产生的两束偏振光的偏振方向也互相垂直，这两束偏振光投射到银幕上再反射到观众处，偏振光方向不改变，观众使用对应上述的偏振光的偏振眼镜观看，即左眼只能看到左机映出的画面，右眼只能看到右机映出的画面，这样就会看到立体景象.

【操作与效果】

打开计算机和投影仪，播放 3D 电影文件，戴上 3D 眼镜即可观看.

【注意事项】

必须使用专用的播放软件打开 3D 电影文件.

实验 20　旋 光 色 散

【实验目的】

演示蔗糖溶液的旋光色散现象，了解偏振光及其旋光色散原理.

【实验装置】

实验装置如图 5.2.17 所示.

图 5.2.17　旋光色散演示仪

【实验原理】

偏振光在通过糖溶液(或其他具有旋光性质的液体)时，其振动面会发生旋转. 旋转的角度 ψ 与糖溶液的浓度 c、通过旋光物质(例如：蔗糖溶液)的厚度 l 和光的波长 λ 成正比，即 $\psi = a\lambda cl$，其中 a 为比例系数. 可以看出，在同样的 cl 情况下，对于

各种不同 λ 的光，旋转的角度 ψ 是不同的.

实验中，从白炽灯光源发出的白光经过起偏器形成线偏振光后，经过圆柱形的糖溶液玻璃筒，然后在筒的另一端放置另一个检偏器，旋转检偏器时可以在不同角度分别对不同色彩(波长)的光进行消光，则最终通过的光会变幻不同的颜色.

【操作与效果】

(1)打开白炽灯光源，使白光依次通过起偏器、糖溶液和检偏器.

(2)旋转检偏器，观察消光现象.

【注意事项】

玻璃筒易碎，注意安全.

实验 21　旋转字幕球

【实验目的】

演示旋转字幕球对文字的动态显示现象，了解视觉暂留和旋转字幕球的工作原理.

【实验装置】

实验装置如图 5.2.18 所示.

图 5.2.18　旋转字幕球演示仪与演示效果图

【实验原理】

当外界引起视觉的图像消失一段时间后，人脑中的反映图像将保留一段时间后才消失，这就是视觉暂留现象. 旋转字幕球也称为梦幻点阵，其原理基于帧扫描和视觉暂留. 仪器基座与有机玻璃形罩固定在一起，并且从外界通过透明的球形罩可以看到内部，沿球形罩的轴向在基座上装有一个高速直流电机，电机的转子可绕竖直轴向做高速、稳定转动，在转子上固定有控制电路和一个发光二极管阵列.

实验中，每幅画面的形成是靠发光二极管阵列扫描来实现的，画面纵向的变化是单片机控制阵列中的各个发光二极管点亮和熄灭，横向变化是靠电机带动阵列的高速扫过来实现的. 由于电机的转速为 50r/s，图像变换的周期比人类视觉的暂留时间快得多，故我们能够从扫描的球带中看到稳定的静态画面或变化的动态画面.

【操作与效果】

打开电源开关，起动电机，观察字幕的图像.

【注意事项】

旋转字幕球显示的文字可通过计算机利用相应的操作软件进行修改.

实验 22　神奇的普氏摆

【实验目的】

演示普氏摆的光学现象，了解双眼成像规律.

【实验装置】

实验装置如图 5.2.19 所示.

图 5.2.19　普氏摆演示仪

【实验原理】

1922 年，德国物理学家 Carl Pulfrich 发现了人眼的一个奇异生理现象，即当一个用绳子悬吊的摆球在一个平面内做往复摆动时，此时看到摆球的轨迹是单摆轨迹. 如果一只眼睛戴上茶色镜片，可观察到摆球轨迹变为椭圆形.

人之所以能够看到立体的景物,是因为双眼可以各自独立成像. 两眼有间距,造成左眼与右眼图像的差异,称为视差,人类的大脑很巧妙地将两眼的图像合成,在大脑中产生有空间感的视觉效果.

实验中,摆球做往复的单摆运动(即摆球在一平面内做往复的摆动). 当观察者通过光衰减镜(右侧装深色镜片,左侧装浅色镜片)观看摆球时,由于深色镜片会延迟视觉(约 0.01s),单摆自左向右摆动时看起来是向前(靠近)摆动,自右向左摆动时似乎向后(远离)摆动,形成普氏摆现象. 人们利用普氏摆现象发明了一种眼镜,它可以在平面显示器上模拟出立体的效果.

【操作与效果】

(1)拉开摆球,使其在两排金属杆之间的一个平面内摆动.

(2)站在普氏摆正前方位置观察球摆动的轨迹.

(3)戴上光衰减镜再观察摆球的轨迹,发现摆球按椭圆轨迹转动.

(4)将光衰减镜反转 180°,再观察,发现摆球改变了转动方向.

【注意事项】

(1)摆球的摆动平面尽量在两排金属杆的中间,避免与金属杆相碰;

(2)观察时双眼均要睁开.

实验 23 倒转的车轮

【实验目的】

演示车轮"倒转"现象,了解视觉暂留和频闪仪的工作原理.

【实验装置】

实验装置如图 5.2.20 所示.

图 5.2.20 倒转的车轮演示仪

【实验原理】

物体的图像消失后仍能在人的视觉中保留 0.1s 左右的视觉印象，这就是视觉暂留现象.

频闪光源(频闪仪)的用途是可以产生周期性的闪光. 如果在一个黑暗的环境中在频闪仪照射下观察一个旋转的车轮，若车轮辐切换的频率与频闪仪闪光的频率一致，则每一次闪光时一根新的轮辐恰好处于上一个轮辐所在位置，由于各次轮辐的外形相同，因此我们看见的断续的轮辐图像就变成了静止的连续的图像. 若频闪仪的频率与轮辐切换的频率稍有差异，则我们看见的车轮就有可能以缓慢的速率正转或倒转.

【操作与效果】

(1)打开电源使车轮模型旋转.

(2)用频闪仪对着车轮照射，适当调整频闪仪的频率，观察车轮静止或倒转的现象.

【注意事项】

频闪仪不能长时间工作，否则闪光管极易损坏，故实验时间应尽可能短，一般不能超过 20s.

5.3　模拟仿真实验

实验 24　干涉法测量微小量

【实验目的】

检验材料表面的平整度，测量细丝直径，了解劈尖干涉的原理及其应用.

【仿真仪器】

仿真仪器如图 5.3.1 所示.

【实验原理】

在劈尖干涉中，当 $n_1 > n_2$，$n_2 < n_3$，垂直照射时，各级暗条纹的光程差为 $\delta = 2n_2 e + \dfrac{\lambda}{2} = (2k+1)\dfrac{\lambda}{2}$，$k = 0, 1, 2, \cdots$，其中 λ 是单色光的波长，e 是空气膜厚度，n_1 和 n_3 分别是劈尖上下介质的折射率，n_2 是劈尖膜的折射率. 由此可知，劈尖上面的

各级干涉条纹对应于不同的厚度, 通过对干涉条纹数目或条纹移动数目的计量, 可以得到以光的波长为单位的光程差.

图 5.3.1　劈尖干涉测量微小量仿真实验平台与效果图

利用劈尖干涉, 可以检验材料表面的平整度, 测量细丝直径和薄片的厚度等. 表面平整的等厚干涉条纹是一系列明暗相间的平行直条纹, 表面不平整的等厚干涉条纹出现弯曲现象. 根据弯曲情况, 可以判断材料表面是凹痕还是凸痕, 以及痕的深浅; 可利用待测细丝形成空气劈尖, 相邻暗纹之间对应的空气膜厚度差为 $\lambda/2$, 由于劈尖角度很小, 则待测细丝的直径为 $d = L\dfrac{\Delta N}{\Delta l}\dfrac{\lambda}{2}$, 其中 L 是劈尖棱边到细丝的距离, Δl 是 ΔN 个条纹间距.

【实验内容】

(1) 检验材料表面的平整度;

(2) 测量细丝的直径.

实验 25　牛顿环法测量曲率半径

【实验目的】

观察激光通过牛顿环装置后产生的干涉现象, 定性和定量地分析条纹间距的变化, 掌握利用干涉法测量平凸透镜曲率半径的方法.

【仿真仪器】

仿真仪器如图 5.3.2 所示.

图 5.3.2　牛顿环法测量曲率半径仿真实验平台与效果图

【实验原理】

牛顿环装置主要由一块曲率半径很大的平凸透镜和一块平板玻璃组成，两者之间形成劈形空气薄膜，当用单色平行光垂直射向平凸透镜时，从尖劈形空气膜上、下表面反射的两束光相互叠加而产生等厚干涉条纹，称为牛顿环. 牛顿环是典型的等厚薄膜干涉.

根据薄膜的干涉理论可知，在空气薄层厚度为 e 处的反射光间的光程差为

$$\delta = 2e + \frac{\lambda}{2} = \frac{r^2}{R} + \frac{\lambda}{2}$$

由此可得牛顿环的半径

$$r = \begin{cases} \sqrt{\left(k - \frac{1}{2}\right)R\lambda} & (k = 1, 2, \cdots) \quad （明条纹） \\ \sqrt{kR\lambda} & (k = 0, 1, 2, \cdots) \quad （暗条纹） \end{cases}$$

实验中，可以通过测量各级条纹的直径得到平凸透镜曲率半径 R.

【实验内容】

(1) 观察牛顿环现象及干涉条纹特点；
(2) 测量平凸透镜的曲率半径.

实验 26　迈克耳孙干涉仪

【实验目的】

观察迈克耳孙干涉仪的等厚干涉和等倾干涉现象, 测量氦氖激光器的激光波长, 了解迈克耳孙干涉仪的原理、结构和调节方法.

【仿真仪器】

仿真仪器如图 5.3.3 所示.

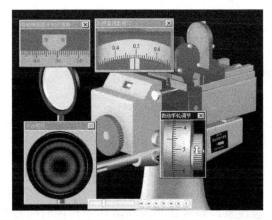

图 5.3.3　迈克耳孙干涉仪仿真实验平台与效果图

【实验原理】

迈克耳孙干涉仪是利用分振幅法产生双光束干涉的仪器，其原理如图 5.3.4 所示，主要由分光板 G、补偿板 G′和相互垂直的两块平面反射镜 M_1 和 M_2 组成. 从光源 S 发出的光，经过分光板 G 时分别反射和透射被分为两束光，两束光又分别经 M_1 和 M_2 反射镜反射后，再分别通过分光板射向观察屏，最终形成的两束光是相干的，在观察屏 o 上可观察到干涉条纹(补偿板 G′的存在，使参加干涉的两光束经过玻璃板的次数相等，在到达观察区域时没有因玻璃介质而引入额外的光程差).

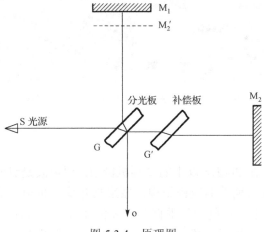

图 5.3.4　原理图

当两反射镜垂直时，可观察到等倾干涉条纹；当两反射镜互成一小角度时，可观察到等厚干涉条纹. 移动 M_2 时，条纹不断移过视场中某一标记位置，M_2 平移距离 d 与条纹移动数 N 的关系满足：$d = N\lambda/2$，其中 λ 为入射光波长. 实验中，通过测量 d 可求出 λ.

【实验内容】

(1)观察等厚干涉条纹以及等倾干涉条纹；
(2)测量氦氖激光器的激光波长.

实验27 超声光栅

【实验目的】

演示超声光栅衍射现象，测量超声波在液体中传播时的波长和波速，了解超声光栅的原理.

【仿真仪器】

仿真仪器如图 5.3.5 所示.

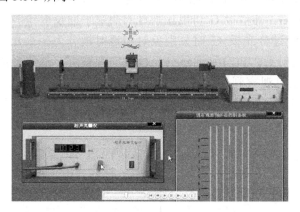

图 5.3.5   超声光栅仿真实验平台与效果图

【实验原理】

超声波是指频率在 20kHz 以上的高频机械波. 超声波是纵波，其在液体介质中传播时，使液体形成周期性的疏密结构，原来具有均匀折射率的液体变为折射率周期性变化的液体，当平行单色光从垂直超声波传播方向透过超声场时，会产生衍射，类似于光栅，故名超声光栅，超声波的波长相当于光栅常数.

由光栅方程 $d\sin\varphi_k = k\lambda$，其中 d 为光栅常量，φ_k 是第 k 级条纹的衍射角，λ 为入射光波长. 当衍射角很小时，$\sin\varphi_k \approx \tan\varphi_k = \dfrac{x_k}{f}$，其中 x_k 为第 k 级条纹的坐标，f 为透镜焦距. 可认为各级条纹是等间距分布的，因此超声波的波长

$$d = \frac{k\lambda}{\sin\varphi_k} = \frac{k\lambda f}{x_k} = \frac{\lambda f}{\Delta x_k}$$

其中 Δx_k 为相邻两条纹间距. 液槽中传播的超声波的频率 ν 可由超声光栅仪上的频率计读出，则超声波在液体中传播的速度：

$$v = d\nu = \frac{\lambda \nu f}{\Delta x_k}$$

【实验内容】

(1) 观察超声光栅衍射及衍射条纹的分布间距；

(2) 测量超声波在液体中传播的波长和波速.

实验 28 光的偏振现象

【实验目的】

观察光的偏振现象，了解产生与检验偏振光的元件与仪器，掌握产生与检验偏振光的条件和方法.

【仿真仪器】

仿真仪器如图 5.3.6 所示.

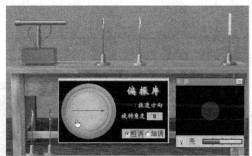

图 5.3.6 光的偏振现象仿真实验平台

【实验原理】

根据光矢量相对于传播方向的不对称情形，可将光分为线偏振光、自然光、部

分偏振光、椭圆偏振光和圆偏振光. 当自然光通过偏振片时, 某一方向上的光矢量被吸收, 只有与此方向垂直的光矢量能透过, 从而使自然光成为线偏振光, 这称为起偏. 偏振片不仅可以用来起偏, 还可用来检偏, 这时称为检偏器. 旋转偏振片, 根据光通过偏振片的透射光强变化可检验一束光的偏振情况. 线偏振光从检偏器透射出来的光强 I 与入射光强 I_0 的关系为 $I = I_0 \cos^2 \alpha$, 其中 α 为起偏器与检偏器偏振化方向之间的夹角, 此式称为马吕斯定律. 实验中, 可通过旋转起偏器和检偏器观察偏振现象, 验证马吕斯定律.

自然光以任意入射角 i_0 入射到两种介质分界面时, 一般情况下, 反射光和折射光都是部分偏振光, 其中反射光中垂直于入射面的光振动多于平行于入射面的光振动. 当入射角 i_0 和折射角 γ_0 满足 $i_0 + \gamma_0 = 90°$ 时, 反射光中只有光振动垂直于入射面的线偏振光, 而折射光仍为部分偏振光. 由折射定律可知, $\tan i_0 = n_2 / n_1$, 式中 n_1 和 n_2 分别为上、下介质的折射率, 这一关系称为布儒斯特定律, i_0 即为起偏角又称布儒斯特角. 利用布儒斯特定律可测定介质的折射率等.

【实验内容】

(1)观察在激光束中插入偏振片的起偏和检偏现象, 验证马吕斯定律;
(2)利用布儒斯特定律测定材料的折射率;
(3)观察圆偏振光和椭圆偏振光.

实验29 分 光 计

【实验目的】

测量三棱镜的最小偏向角, 加深对分光计的结构、作用和工作原理的理解.

【仿真仪器】

仿真仪器如图 5.3.7 所示.

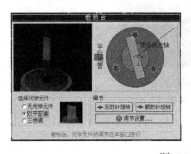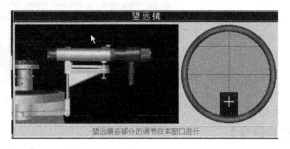

图 5.3.7　分光计仿真实验平台

【实验原理】

分光计也称测角仪，是精确测定光线偏转角的仪器，主要由望远镜、平行光管、载物台、刻度盘和游标盘、底座组成．利用分光计可以测量光的波长、材料的折射率、光学平面间的夹角等．分光计是许多精密光学仪器的基础，如棱镜光谱仪、光栅光谱仪、分光光度计、单色仪等．

用最小偏向角法测三棱镜材料的折射率：如图 5.3.8 所示，一束光以角 i_1 入射到 AB 面上，经棱镜两次折射后，以 i_4 从 AC 面射出．光线传播方向总的变化可以用入射光和出射光之间的夹角 δ 表示，δ 称为偏向角．当三棱镜顶角 A 一定时，偏向角的大小随 i_1 的变化而变化，可以证明，当 $i_1 = i_4$ 时，δ 最小，称为最小偏向角，用 $\delta_{\min}$ 表示．此时有 $i_2 = A/2$，$i_1 = (A + \delta_{\min})/2$ 可得

$$n = \frac{\sin i_1}{\sin \dfrac{A}{2}} = \frac{\sin \dfrac{\delta_{\min} + A}{2}}{\sin \dfrac{A}{2}}$$

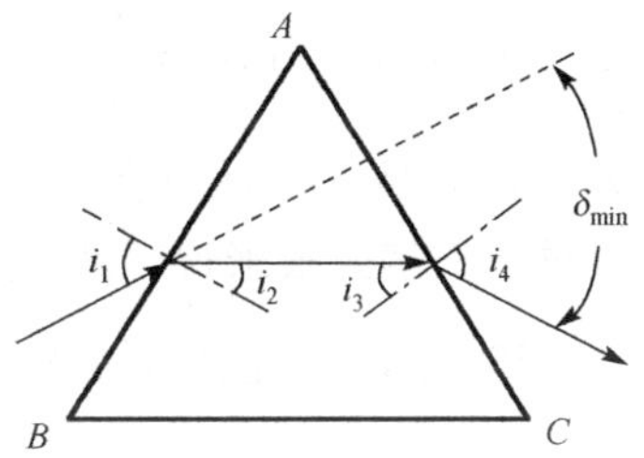

图 5.3.8　三棱镜材料的折射率测量原理图

测出三棱镜顶角 A 和最小偏向角 $\delta_{\min}$，由上式可计算三棱镜材料的折射率．

【实验内容】

(1) 了解分光计的结构，掌握分光计的调整方法；

(2) 测量三棱镜材料的折射率．

实验 30　组合透镜参数测量与自组显微镜

【实验目的】

测量组合透镜的焦点、焦距和显微镜放大率，了解显微镜的光路原理．

【仿真仪器】

仿真仪器如图 5.3.9 所示．

【实验原理】

最简单的显微镜由两个凸透镜组成，其中焦距较短的作为物镜，焦距较长的作为目镜．将物体 y 放在物镜焦距 f_1 和 $2f_1$ 之间，成放大倒立实像 y'，调节目镜的位置使 y' 位于目镜物方焦点以内并靠近焦点的地方，这时我们将在目镜后方看到一个再次放大的正立虚像 y''．

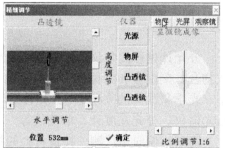

图 5.3.9　组合透镜参数测量与自组显微镜仿真演示平台

显微镜的放大率 $\beta_{\text{显}} = \beta_{\text{物}} \times \beta_{\text{目}}$，$\beta_{\text{物}}$ 为物镜放大率，$\beta_{\text{目}}$ 为目镜放大率. 如图 5.3.10 所示，由 $\beta_{\text{物}} = \dfrac{y'}{y} \approx -\dfrac{\Delta}{f_1'}$，$\beta_{\text{目}} = \dfrac{y''}{y'} \approx \dfrac{D}{f_2'}$，所以 $\beta_{\text{显}} = -\dfrac{\Delta D}{f_1' f_2'}$. 式中的负号表示像对于物是倒的，$\Delta$ 为物镜后焦点到目镜前焦点的距离，D 是倒立虚像到目镜的距离. 对于正常人眼来说，清晰地观察距离（即明视距离）国际规定为 250mm，实验中 Δ 取 250mm，可得显微镜的放大率 $\beta_{\text{显}} = \dfrac{250 \times D}{f_1' f_2'}$.

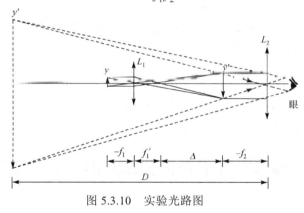

图 5.3.10　实验光路图

【实验内容】

(1)测组合透镜的焦点、焦距；

(2)设计显微镜实验，测量显微镜放大率.

实验 31　光学设计实验

【实验目的】

测量薄透镜的焦距、透镜的球差和色差，以及组合望远镜的放大本领，了解激光的扩束系统，加深对透镜工作原理和成像规律的理解.

【仿真仪器】

仿真仪器如图 5.3.11 所示.

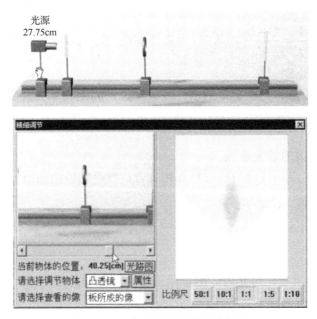

图 5.3.11　光学设计仿真实验平台

【实验原理】

透镜是由透明材料(如光学玻璃)制成的,透镜及各种透镜的组合可形成放大或缩小的实像及虚像.描述透镜的参数有很多,其中最重要、最常用的参数是透镜的焦距.利用不同焦距的透镜可设计望远镜、显微镜等,各种光学仪器成像的目的就是要产生一个与原物在几何形状上完全相似的清晰的像,即理想成像,而任何与理想成像的偏离都称为像差,像差是决定像的质量的一个重要参数.像差分为单色像差和色差,其中单色像差包括球差、彗差、像散、像场弯曲和畸变等.实验中可测量球差、色差、凸透镜和凹透镜的焦距以及望远镜的放大本领等.

(1)球差:由轴上点物发出的成像宽光束经球面透镜折射后不再会聚于一点,这种像差称为球差.

(2)色差:由于材料的折射率随光的颜色(波长)而变,因此不同颜色的光经过透镜成像后无论像的位置和大小都可能不相同.

(3)测凸透镜焦距.

(a)直接法:平行光经透镜后会聚成一点,测定会聚点和透镜中心的位置 x_1、x_2,

可得凸透镜的焦距 $f = x_2 - x_1$；

(b)公式法：将物体放在透镜一倍以上焦距处，p、p' 分别对应物距、像距，

$$\frac{1}{p} - \frac{1}{p'} = \frac{1}{f}$$；

(c)位移法：$\dfrac{1}{f} = \dfrac{L^2 - l^2}{4L}$，其中 l 为透镜移动的距离，L 为物像间的距离.

(4)测凹透镜焦距.

利用凸透镜的像作为凹透镜的物，可成实像，利用物像公式可以计算凹透镜的

焦距：$\dfrac{1}{p} - \dfrac{1}{p'} = \dfrac{1}{f}$.

(5)组合望远镜的放大本领.

物镜的像方焦点和目镜的物方焦点相重合，测得物镜的焦距 f_1，目镜的焦距 f_2，望远镜的放大本领：$M = \dfrac{f_1}{f_2}$.

【实验内容】

(1)用 He-Ne 激光作为光源，测量凸透镜、凹透镜的焦距；

(2)测量凸透镜的球差、色差；

(3)利用不同焦距的透镜设计望远镜、显微镜等.

第**6**章
近 代 物 理

6.1 随堂演示实验

实验 1 黑 体 模 型

【实验目的】

模拟演示不同温度下的黑体辐射现象，加深对黑体辐射规律的理解.

【实验装置】

实验装置如图 6.1.1 所示.

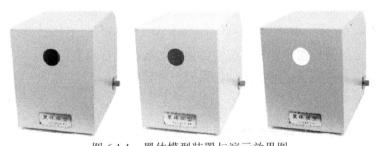

图 6.1.1 黑体模型装置与演示效果图

【实验原理】

任何物体都具有不断辐射、吸收、反射电磁波的本领. 辐射出去的电磁波在各个波段是不同的，也就是具有一定的谱分布. 这种谱分布与物体本身的特性及其温度有关，因而被称为热辐射. 为了研究不依赖于个体的热辐射规律，人们定义了一种理想化模型——黑体，它能完全吸收任何波长的外来辐射而无任何反射和透射，其吸收比为 100%. 黑体模型装置是用不透明材料制成的开有小孔的空腔. 其原理如

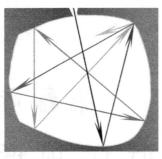

图 6.1.2　开有小孔的空腔

图 6.1.2 所示，空腔外面的辐射能够通过小孔进入空腔，进入空腔的射线，在空腔内进行多次反射，每反射一次，内壁就吸收一部分能量，最后全部被吸收掉，从小孔穿出的辐射能可以略去不计. 小孔即相当于黑体的表面，空腔的电磁辐射就可以认为是黑体辐射. 通过研究不同温度下空腔的辐射能按波长的分布，就可以研究黑体的辐射规律.

　　黑体辐射的强度和频率的主要成分也随着温度的升高向着高频方向移动. 在室温下，黑体辐射的能量集中在长波和远红外波段；当黑体温度升高到几百摄氏度之后，开始发出可见光. 随着温度的升高，黑体将呈现由红到紫的渐变过程. 当某个光源发射光的颜色与黑体在某一个温度下所辐射的光颜色相同时，黑体的这个温度称为该光源的色温. 本模型是通过色温仪比对，用彩灯模拟出三种温度下的黑体辐射情况.

【操作与效果】

　　(1)在自然光条件下，观察仪器正前方的圆孔，看到圆孔的颜色为黑色.

　　(2)打开仪器侧面的辐射源开关，顺时针将其依次旋转到三个色温挡位上，可看到圆孔的颜色由黑色变为暗红色和淡青色.

　　(3)再将辐射源旋钮逆时针依次旋回到三个色温挡位上，再次观察圆孔处颜色的变化.

【注意事项】

　　(1)旋转辐射源旋钮时要轻而缓慢，便于对颜色进行观察；

　　(2)仪器内装有多个灯泡，搬动仪器要轻拿轻放.

【思考题】

　　(1)任何情况下，黑体是不是一定都呈现黑色？

　　(2)黑体辐射吸收的特点有哪些？

　　(3)研究黑体辐射的理论有哪些？什么是黑体辐射的"紫外灾难"？

实验 2　黑体辐射与吸收

【实验目的】

　　演示黑体辐射与吸收的过程，掌握黑体辐射与吸收的规律.

【实验装置】

黑体辐射和黑体吸收的实验装置及其演示效果分别见图 6.1.3 和图 6.1.4.

图 6.1.3　黑体辐射演示仪与演示效果图　　图 6.1.4　黑体吸收演示仪与演示效果图

【实验原理】

黑体是一种理想化模型,其吸收比为 100%. 根据基尔霍夫关于物体的辐射和吸收理论,在相同温度下,各种不同物体对相同波长的单色辐出度与单色吸收比的比值都相等,并等于该温度下黑体对同一波长的单色辐出度. 通俗地说,好的吸收体也是好的辐射体. 黑体是完全的吸收体,因此也是最理想的辐射体.

在黑体吸收实验装置中,白炽灯作为热辐射源,与之等距离放置的吸收体是铝制的空气瓶,外部分别呈黑色和白色,盛有红色液体的 U 形管与两个吸收体相连构成密闭的系统. 关闭 U 形管中间的通气阀,把两侧的空间隔开,给灯泡通电,由于黑色瓶比白色瓶具有更强的吸收本领,所以黑瓶吸收的热量较多,瓶内气体温度升高得快,其压强较大,使本侧红色液柱下降.

在黑体辐射实验装置中,仪器中间的电热片作为热辐射源,其两个侧面分别呈黑色和白色,与之等距离放置的两个吸收体,是完全一样的铝质空气瓶,盛有红色液体的 U 形管与两个吸收体相连构成密闭的系统. 关闭 U 形管中间的通气阀,把两侧的空间隔开,电热片在一定的温度下对外热辐射,由于黑色一侧比白色一侧的辐射能力强,所以与黑色一侧相对的接收器吸收了较多的热量,瓶内气体温度升高,压强较大,使本侧红色液柱下降.

【操作与效果】

1. 吸收过程

(1)将 U 形管中间的阀门扳至水平位置,使 U 形管两侧连通,看到管两侧的红色液柱高度相同.

(2)把阀门扳至垂直位置,使两侧的空间隔开;打开灯泡电源开关,略等片刻,可以看到与黑色吸收体相连的 U 形管一侧的红色液柱下降,而另一侧的液柱上升.

(3)关闭灯泡电源,打开 U 形管中间的阀门,使两侧连通,系统恢复原状.

(4)略等片刻,重新上述操作,再观察一次.

2. 辐射过程

(1)将 U 形管中间的阀门扳至水平位置,使 U 形管两侧连通,看到管两侧的红色液柱高度相同.

(2)关闭阀门,把两侧的空间隔开;把位于仪器中部的电热片扳到与仪器面板垂直的位置;打开电热片的电源开关,略等片刻,可以看到与电热片黑色面相对的接收器相连的 U 形管内液柱下降,另一侧的液柱上升.

(3)关闭电热片电源,打开 U 形管中间的阀门,使两侧连通,系统恢复原状.

(4)把电热片旋转 180°,使黑色和白色辐射面易位,打开电热片电源开关,略等片刻,可以看到 U 形管内的液柱仍然是与电热片黑色面相对的接收器相连的 U 形管内液柱下降,另一侧的液柱上升.

(5)关闭电热片电源,打开 U 形管中间的阀门,使两侧连通,系统恢复原状.

【注意事项】

(1)打开或关闭阀门时,一定要扳到位,否则影响实验效果;

(2)操作时注意不要触碰灯泡或加热片,以免烫伤.

【思考题】

(1)黑体模型和一般物体的辐射、吸收特性有何异同?

(2)温度升高,黑体辐射的峰值波长向哪个方向移动?

(3)太阳看起来很亮,那么太阳可以看作黑体吗?

6.2　演示室实验

实验 3　GPS 全球定位系统

【实验目的】

演示对运动小车的跟踪定位,了解 GPS 的系统组成和立体空间定位的工作原理.

【实验装置】

实验装置如图 6.2.1 所示.

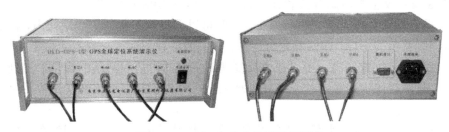

图 6.2.1　GPS 全球定位系统演示仪

【实验原理】

GPS（global positioning system）是全球定位系统，包括三大部分：空间部分——GPS 卫星星座，地面控制部分——地面监控系统，用户设备部分——GPS 信号接收机.

GPS 工作卫星及其星座由 21 颗工作卫星和 3 颗在轨备用卫星组成，记作 (21+3) GPS 星座. 24 颗卫星均匀分布在 6 个轨道平面内，轨道倾角为 55°，各个轨道平面之间相距 60°. 在用 GPS 信号导航定位时，因为导航卫星的原子钟时间也有偏差，即时间也是未知量，所以为了计算测站的三维坐标，必须至少观测 4 颗 GPS 卫星.

GPS 工作卫星的地面监控系统包括一个主控站、三个注入站和五个监测站. 地面监控系统的一个重要作用是提供每颗 GPS 卫星所播发的星历，而卫星的位置是依据卫星发射的星历——描述卫星运动及其轨道的参数算得的. 地面监控系统另一重要作用是保持各颗卫星处于同一时间标准——GPS 时间系统，这需要地面站监测各颗卫星的时间，求出钟差，然后由地面注入站发给卫星，卫星再由导航电文发给用户设备.

GPS 信号接收机的任务是捕获按一定卫星高度截止角所选择的待测卫星的信号，并跟踪这些卫星的运行，对所接收到的 GPS 信号进行变换、放大和处理，以便测量出 GPS 信号从卫星到接收机天线的传播时间，解译出 GPS 卫星所发送的导航电文，实时地计算出测站的三维位置，甚至三维速度和时间.

本实验系统由实验装置、实验主机和计算机等部分构成，具体可分为五部分：空间部分——模拟 GPS 卫星星座和轨道；地面控制部分——模拟地面基站；用户设备部分——模拟 GPS 信号接收小车；演示仪主机；计算机软件和硬件. 可演示对运动小车的导航定位等.

【操作与效果】

(1)将 GPS 演示仪主机和计算机通过串口线相连，插上 GPS 演示仪电源，先后打开 GPS 演示仪主机电源开关和计算机开关，运行 GPS 实验软件.

(2)操作软件对每个卫星进行定位，这时可以看见软件中的三维空间内，在地球上空有四颗蓝色的小球，即四颗定位卫星，它们的位置与演示仪真实定位卫星一致；如果看见有卫星位置偏离，可以通过反复调节卫星的俯角和基站的仰角，直到可观测软件的三维视图中四颗定位卫星在地球上空，且位置与演示仪真实定位卫星位置一致.

(3)将卫星信号接收小车放入实验桌面地球图片的中心点，可观测到在软件的三维空间中的地球中心有一红色小球，即是卫星信号接收小车的位置.

(4)遥控小车在桌面地球中运动，同时在计算机的立体地图中，可以观测到卫星信号接收小车(红球)在运动，且其运动轨迹与真实卫星信号接收小车运动轨迹一致，从而实现导航卫星对运动小车的实时定位；通过观看软件地图，遥控小车到达指定位置时，即实现了导航定位.

【注意事项】

(1)本系统需要耐心精密调整，方可有最佳演示实验效果，如果检测不到部分卫星或定位不到某个位置，可通过调整卫星的俯角和地面基站的仰角加以解决；

(2)因为演示地球空间有限，故遥控小车时，切忌快、猛，应遥控小车缓慢运行.请勿控制小车撞击到地面基站，否则需要重新精心调整基站位置；

(3)请勿抚摸或摇晃卫星轨道，否则可能产生很大测量误差甚至无法实验；

(4)GPS 演示仪对环境温度敏感，实验时环境温度应保持基本不变，如环境温度变化很大，可能会产生较大误差.

6.3　模拟仿真实验

实验 4　光强调制法测量光速

【实验目的】

使用光速测定仪测光速，掌握光强调制法测光速的原理.

【仿真仪器】

仿真仪器如图 6.3.1 所示.

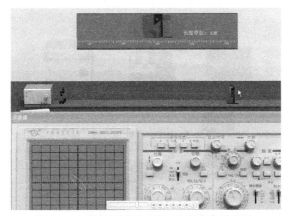

图 6.3.1　光速测定仪测光速仿真实验平台

【实验原理】

发光二极管为光源，用 50MHz 的高频正弦电压信号调制光的强度，调制后的光检波后得到周期大大扩展的电子学信号. 发光二极管发出的红光在光速测定仪中调制后分为两束，一束输入到双踪示波器的 X 通道；另一束从出射孔射出经直角反射镜改变传播方向后，从接受孔又进入仪器中，输入到示波器的 Y 通道. 这两个频率相同的强度调制波信号在示波器内相干，显示出李萨如图形. 当示波器上出现一条直线时，移动出射孔附近的直角反射镜，移远时示波器上再次出现直线，这束调制光程变化了半个波长. 考虑到光经过两次平面镜的反射，半个波长等于直角反射镜移动距离的 2 倍，这时直角反射镜移动的距离 l 与光的波长 λ 的关系为 $\lambda=4l$. 已知调制频率 f，则可得光在空气中的传播速度：$c=\lambda f=4lf$.

【实验内容】

(1) 测量光在空气中的速度；
(2) 测量光在水中的速度.

实验 5　光 电 效 应

【实验目的】

利用光电效应测普朗克常量，加深对爱因斯坦光电效应方程的理解.

【仿真仪器】

仿真仪器如图 6.3.2 所示.

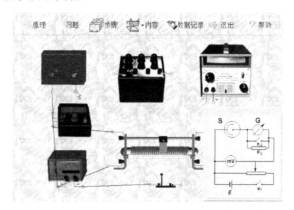

图 6.3.2   光电效应仿真实验平台

【实验原理】

可见光照射到金属上时，电子从金属中逸出的现象称为光电效应. 根据爱因斯坦的光子理论，一个频率为 ν 的光子的能量为 $\varepsilon = h\nu$，光射到金属上时，金属中的电子一次性地吸收一个光子的能量，这些能量，一部分用于电子从金属中逃逸出来时的逸出功，剩下的转变为光电子逃逸出金属时的最大初动能，所以有 $h\nu = \dfrac{1}{2}mv_{max}^2 + A$，该式称为爱因斯坦光电效应方程.

实验中在光电管两端加上反向电压，改变电压的大小，当电压增加到 V_0 时，光电流降为零，这时有 $eV_0 = \dfrac{1}{2}mv_{max}^2 = h\nu - A$. 通过改变入射光的频率可算出普朗克常量 h.

【实验内容】

(1) 观察光电效应实验现象；

(2) 用光电效应方法测量普朗克常量.

实验 6   氢氘光谱拍摄

【实验目的】

测量氢氘光谱线的波长和相应的里德伯常量，加深对氢原子理论的理解.

【仿真仪器】

仿真仪器如图 6.3.3 所示.

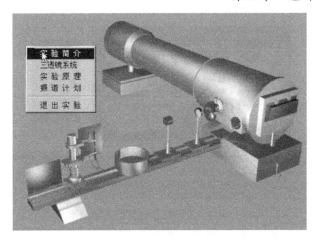

图 6.3.3 氢氘光谱拍摄仿真实验平台

【实验原理】

氘是氢的同位素，同位素的原子核具有相同的质子数和不同的中子数，反映在谱线上，同位素所对应的谱线发生位移，称为同位素位移. 同位素位移与核质量有关，核质量越轻，位移效果越大，所以谱线的波长 λ_H 与 λ_D 不同，两者均可精确测量. 里德伯常量 R 也与原子核质量有关，核质量不同，该常量也略有不同，所以 R_H 与 R_D 不同. 已知 $R_\infty = 10973731\mathrm{m}^{-1}$，根据公式 $R = \dfrac{R_\infty}{1+m/M}$ 就可以算出 R_H 和 R_D，式中 m 为电子的质量，M 为氢核或氘核的质量. 同时还可以算出氢和氘的原子核质量比.

【实验内容】

(1) 拍摄氢、氘和铁的光谱；

(2) 测量氢、氘光谱线的波长；

(3) 计算氢、氘的里德伯常量.

实验 7 钠原子光谱拍摄

【实验目的】

拍摄钠原子光谱，计算钠原子谱线波长，加深对钠原子光谱的理解.

【仿真仪器】

仿真仪器如图 6.3.4 所示.

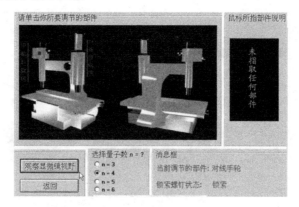

图 6.3.4　钠原子光谱拍摄仿真实验平台

【实验原理】

钠原子由稳固的原子实和原子实外面的一个价电子组成，钠原子的化学性质和光谱规律主要由价电子决定. 钠原子光谱项 $T = \dfrac{R}{(n - \Delta_l)^2}$，式中 n 为主量子数，l 为轨道角动量量子数，Δ_l 是一个与 n 和 l 都有关的量子修正项，称为量子缺. 量子缺是由原子实的极化和价电子在原子实中的贯穿引起的，价电子越靠近原子实，量子缺就越大. 理论和实验表明，当 n 不是很大时，量子缺主要由 l 决定，而随 n 的变化不大.

钠原子的价电子由上能级 (n, l) 跃迁到下能级 (n', l') 时发射光谱线的波数为 $\tilde{\nu} = \dfrac{R}{(n' - \Delta_{l'})^2} - \dfrac{R}{(n - \Delta_l)^2}$，且应满足选择定则 $\Delta l = l' - l = \pm 1$，其中 R 是里德伯常量. 对于确定的下能级 (n', l')，当上能级主量子数 n 依次改变时，可得到一系列的波数值 $\tilde{\nu}$，从而构成一系列的光谱系，常用 $n'l' \sim nl$ 表示. 光谱学中 $l = 0, 1, 2, 3$ 分别用符号 S、P、D、F 表示，那么钠原子光谱的四个线系分别为

主线系（P 线系）：$3S \sim nP$，$n = 3, 4, 5, \cdots$；

漫线系（D 线系）：$3P \sim nD$，$n = 3, 4, 5, \cdots$；

锐线系（S 线系）：$3S \sim nS$，$n = 4, 5, 6, \cdots$；

基线系（F 线系）：$3S \sim nF$，$n = 4, 5, 6, \cdots$.

阿贝比长仪是一种精密长度测量仪器，主要由对线显微镜、读数显微镜、反光镜、标准刻度尺、固定支架等组成. 进行精密测量时，必须将标准刻度尺放置在被测件测量准线的延长线上. 其测量长度的方法是将被测件与标准刻度尺进行比较.

【实验内容】

(1)拍摄钠光谱和做比较用的 Fe 光谱；

(2)测量钠原子谱线，并计算钠谱线的波长；

(3)计算量子缺；

(4)绘制能级图.

实验 8　γ能谱测量

【实验目的】

测量 γ 射线的能谱，掌握闪烁谱仪的工作原理和实验方法.

【仿真仪器】

仿真仪器如图 6.3.5 所示.

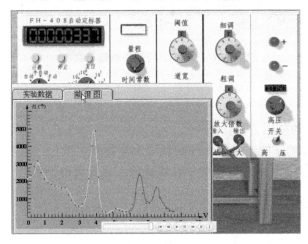

图 6.3.5　γ能谱测量仿真实验平台

【实验原理】

根据原子结构理论，原子核的能量状态是不连续的，存在分立能级. 原子核的能级间的跃迁产生 γ 射线谱，$E_2 - E_1 = h\nu$，其中 h 为普朗克常量，ν 为 γ 光子的频率. 研究 γ 能谱可确定原子核激发态的能级等，对放射性分析、同位素应用及鉴定核素等方面有重要意义.

测量 γ 能谱最常用的仪器是闪烁谱仪. 闪烁谱仪是利用某些荧光物质(称为闪烁体)在带电粒子作用下被激发或电离后，能发射荧光(即闪烁)的现象测量能谱的. 对于无机晶体 NaI(Tl) 闪烁体，其发射光谱最强的波长是 415nm 的蓝紫光，其强度反映了进入闪烁体内的带电粒子能量的大小.

如图 6.3.6 所示，闪烁谱仪的工作过程为：^{137}Cs 或 ^{60}Co 等放射源发出的 γ 射线射入闪烁谱仪探头内的 NaI(Tl)闪烁体. γ 射线与闪烁体相互作用时，通过与物质原子发生光电效应、康普顿效应或电子对效应而损失能量，并产生次级带电粒子，如光电子、反冲电子或正负电子对. 次级带电粒子引起闪烁体发射荧光光子，通过这些荧光光子的数目来推出次级带电粒子的能量，再推出 γ 光子的能量，以达到测量 γ 射线能谱的目的.

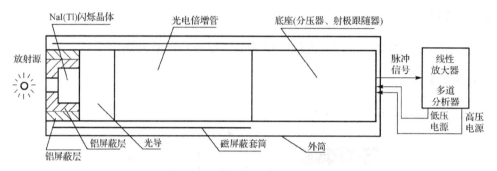

图 6.3.6　NaI(Tl)闪烁探测器示意图

【实验内容】

(1)熟悉仪器的使用方法；
(2)测量 ^{137}Co 的 γ 能谱光电峰与线性放大倍数的关系；
(3)测量 ^{137}Cs 和 ^{60}Co 放射源的 γ 射线能谱，并计算能量值.

实验 9　弗兰克–赫兹实验

【实验目的】

测量 Hg 的第一激发电势和电离电势，理解弗兰克和赫兹在研究原子内部能量量子化方面采用的实验方法，了解电子与原子碰撞和能量交换过程的微观图像.

【仿真仪器】

仿真仪器如图 6.3.7 所示.

【实验原理】

当原子吸收一个一定频率 ν 的光子时，会从低能级跃迁到高能级，两能级差 $\Delta E = E_m - E_n = h\nu$，原子吸收全部能量，发生跃迁. 通过具有一定能量的电子与原子碰撞也能够实现原子的能级跃迁. 当电子在电势差 V 的加速下，速度从 0 加速到 v，

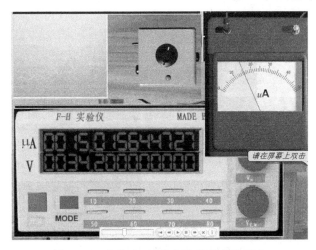

图 6.3.7　弗兰克-赫兹实验仿真实验平台

与原子碰撞时，$\Delta E = E_m - E_n = \frac{1}{2}mv^2 = eV$，碰撞中电子的动能全部交换给原子. 当原子吸收电子能量从基态跃迁到第一激发态时，相应的 V 称为原子的第一激发电势. 若电子的能量到达原子电离的能量而发生电离，则相应的 V 称为原子的电离电势.

　　1914 年，弗兰克和赫兹使用简单而有效的方法，用低速电子去轰击原子，观察测量到 Hg 的激发电势和电离电势，即著名的弗兰克-赫兹实验，从而证明原子内部量子化能级的存在. 本套装置由 F-H 管电源组、扫描电源、微电流放大器、F-H 管和温控装置组成，可以用来观测 Hg 原子能级跃迁并对 Hg 原子第一激发电势、高激发电势和电离电势进行测量.

【实验内容】

　　(1)测量 Hg 的第一激发电势；
　　(2)测量 Hg 的高激发电势和电离电势.

实验 10　塞曼效应

【实验目的】

　　观察并拍摄 Hg(546.1nm) 谱线在磁场中的分裂情况，研究塞曼分裂谱的特征，学习应用塞曼效应测量电子的荷质比和研究原子能级结构的方法.

【仿真仪器】

　　仿真仪器如图 6.3.8 所示.

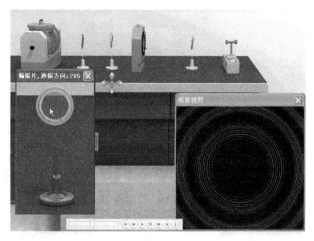

图 6.3.8　塞曼效应仿真实验平台

【实验原理】

原子能级在磁场中发生分裂的现象称为塞曼效应，对外表现为一条谱线在外磁场作用下分裂为多条偏振化谱线. 磁量子数为 M 的能级受磁感强度为 B 的外磁场作用而引起的附加能量

$$\Delta E = \frac{eh}{4\pi m} MgB \equiv \mu_B MgB$$

其中 h 为普朗克常量，e 和 m 分别为电子的电荷和质量，玻尔磁子 $\mu_B = \dfrac{eh}{4\pi m}$，$g$ 为朗德因子. 若 J 为总角动量量子数，那么 M 只能取 $J, J-1, J-2, \cdots, -J$（共 $2J+1$）个值，因此 ΔE 有 $2J+1$ 个可能值.

无外加磁场时，电子由能级 E_2 跃迁到 E_1 发射的谱线频率满足 $h\nu = E_2 - E_1$. 有外磁场时，谱线频率满足 $h\nu' = (E_2 + \Delta E_2) - (E_1 + \Delta E_1)$，因此，加外磁场前后谱线的波数差为

$$\Delta \tilde{\nu} = \frac{\nu' - \nu}{c} = (M_2 g_2 - M_1 g_1) \frac{eB}{4\pi mc} \equiv (M_2 g_2 - M_1 g_1) L$$

其中，$L \equiv \dfrac{eB}{4\pi mc}$ 称为洛伦兹单位.

以汞原子为例，其能级对应的量子数如表 6.3.1 所示. 汞原子的塞曼效应如图 6.3.9 所示. 无外磁场时，汞原子的 7^3S_1 跃迁到 6^3P_2 能级发射的谱线为 546.1nm. 在外磁场作用下，汞原子的 $^3S_1$ 能级将分裂为 3 个子能级，$^3P_2$ 能级将分裂为 5 个子能级，从而 546.1nm 谱线分裂为 9 条等间距的谱线. 根据塞曼跃迁的选择准则为：

当 $\Delta M = 0$ 时，产生 π 线，即振动方向平行于磁场方向的线偏振光；当 $\Delta M = \pm 1$ 时，产生 σ 线，即振动方向垂直于磁场方向的线偏振光.

表6.3.1　汞原子能级的量子数

原子能级	7^3S_1	6^3P_2
L	0	1
S	1	1
J	1	2
g	2	3/2
M	1,0,–1	2,1,0,–1,–2
Mg	2,0,–2	3,3/2,0,–3/2,–3

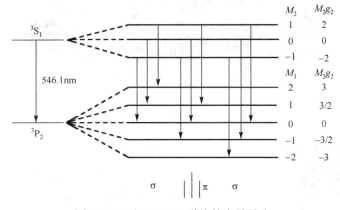

图 6.3.9　汞 546.1nm 谱线的塞曼效应

【实验内容】

(1) 分别在垂直和平行于磁场的方向观察汞 546.1nm 谱线在磁场中的分裂,并使用偏振片区分谱线中的不同成分;

(2) 用塞曼分裂计算电子的荷质比;

(3) 验证塞曼分裂与磁感强度的关系.

实验 11　透射电子显微镜

【实验目的】

使用透射电子显微镜观察样品的常规形貌等,了解透射电子显微镜的工作原理和基本操作流程.

【仿真仪器】

仿真仪器如图 6.3.10 所示.

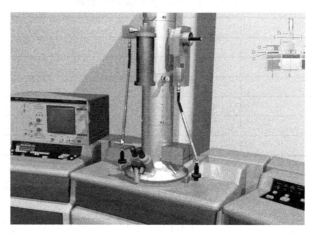

图 6.3.10　透射电子显微镜仿真实验平台

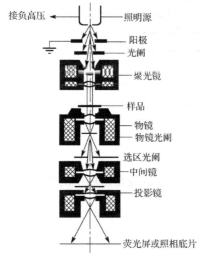

图 6.3.11　透射电子显微镜示意图

【实验原理】

透射电子显微镜(TEM)由电子枪、双聚光镜、物镜、中间镜、投影镜等组成. 电子枪发射电子, 双聚光镜将电子会聚到样品, 电子经过样品后在下表面形成电子的物质波, 物质波经过物镜、中间镜、投影镜在荧光屏或照相底片上形成放大像, 如图 6.3.11 所示.

透射电子显微镜的优点是可以对应地观察薄晶体的显微像和电子衍射图样, 配置 X 射线能谱后还可以确定样品微区成分. 它被广泛地用来测定薄晶体的结构、缺陷、凝聚状态,用于观测生物大分子的结构(分辨率优于 1nm)等.

【实验内容】

(1)熟悉操作流程, 开机、加电压、照明系统对中;

(2)使用透射电子显微镜观察样品.

实验 12　扫描隧道显微镜

【实验目的】

使用扫描隧道显微镜观测样品的表面结构，了解扫描隧道显微镜的工作原理，加深对量子隧道效应的理解.

【仿真仪器】

仿真仪器如图 6.3.12 所示.

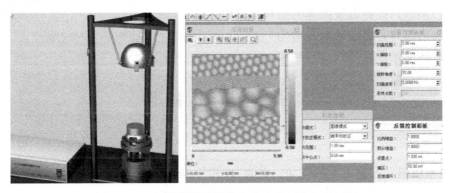

图 6.3.12　扫描隧道显微镜仿真实验平台与效果图

【实验原理】

扫描隧道显微镜的工作原理是基于量子隧道效应. 微观粒子可以穿过比它能量高的势垒的现象称为量子隧道效应，隧道效应是由粒子的波动性引起的，只有在一定的条件下，隧道效应才会显著. 粒子穿过势垒的透射系数与势垒的宽度、势垒与粒子的能量差以及粒子的质量有关. 扫描隧道显微镜是将极细的隧道探针和被测物体(样品)的表面作为两个电极，当样品与针尖的距离非常接近(1nm 左右)时，在外电场的作用下，电子会穿过两电极之间的势垒到达另一电极. 隧道探针一般为直径小于 1mm 的金属丝，如钨丝、铂-铱丝等，被测样品要具有一定的导电性才能产生隧道电流. 隧道电流的强度对针尖和样品间的距离呈指数关系变化，距离减小 0.1nm，隧道电流就增加一个数量级. 因此，根据隧道电流的变化，我们可以得到样品表面微小的高低起伏变化的信息，如果同时对 x-y 方向进行扫描，通过记录隧道电流的变化，就可得到三维的样品表面形貌图. 扫描隧道显微镜主要有两种工作模式：恒电流模式和恒高度模式.

(1)恒电流模式通常用来观察表面形貌起伏较大的样品. 扫描时，通过显微镜针尖的上下移动,使针尖与样品表面的距离保持不变,以控制隧道电流的恒定.对 $x\text{-}y$ 方向进行扫描时,在 z 方向加上电子反馈系统,当样品表面凸起时,针尖上移,样品表面凹进时,针尖下移,隧道电流保持恒定.将针尖在样品表面扫描时的运动轨迹在记录纸或荧光屏上显示出来,就得到了样品表面的态密度的分布或原子排列的图像.

(2)恒高度模式通常用来测量表面形貌起伏不大的样品.在扫描过程中保持针尖的高度不变,通过记录隧道电流的变化来得到样品的表面形貌信息.

【实验内容】

(1)熟悉扫描隧道显微镜的结构和使用方法;

(2)扫描石墨样品的表面结构;

(3)扫描光栅样品的表面结构.

实验 13　核 磁 共 振

【实验目的】

观察核磁共振稳态吸收现象,测量 ^{1}H 和 ^{19}F 的 γ 值和 g 因子,了解核磁共振的实验原理和方法.

【仿真仪器】

仿真仪器如图 6.3.13 所示.

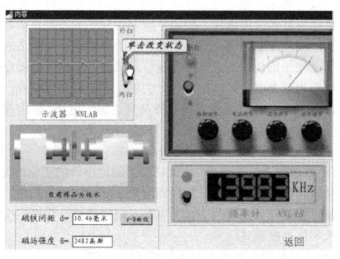

图 6.3.13　核磁共振仿真实验平台

【实验原理】

核磁共振是指具有磁矩的原子核受到电磁场的激发而产生的共振跃迁现象. 原子核具有不为零的角动量 P 和磁矩 μ, 两者满足 $\mu = \gamma_N P$, 其中 γ_N 称为旋磁比. 对于裸露的质子, $\gamma_N / 2\pi = 42.577469\,\text{MHz/T}$; 但在原子或分子中, 由于原子核受附近电子轨道的影响使核所处的磁场发生变化, $\gamma_N / 2\pi$ 的值略有不同.

自旋磁矩在外磁场中的取向是量子化的, 不同取向的能量状态不同. 当处于外磁场中的自旋核受到一定频率的电磁波辐射时, 若辐射的能量恰好等于自旋核不同取向的能量差, 则低能态的自旋核就会吸收电磁辐射而跃迁到高能态, 产生核磁共振现象. 原子核从交变磁场中吸取的能量为 $\Delta E = h\nu = \hbar\omega = \hbar\gamma_N B$. 量子力学计算可得旋磁比 $\gamma_N = g_N \dfrac{e}{2m_p} \equiv g_N \dfrac{\mu_N}{\hbar}$, 式中 m_p 是质子质量; $\hbar = h/2\pi$, h 是普朗克常量; $\mu_N = \dfrac{e\hbar}{2m_p}$ 称为核磁子, 常用作度量核磁矩大小的单位, 显然, 它是玻尔磁子 $\mu_B = \dfrac{e\hbar}{2m_e}$ 的 $1/1836$, 其中 m_e 是电子质量; g_N 称为核 g 因子, 或朗德因子, 它是一个量纲为一的量, 其数值取决于原子核的结构.

【实验内容】

(1) 观测 ^1H 的核磁共振信号;

(2) 观测 ^1H 的 γ_N 和 g_N;

(3) 测量 ^{19}F 的 γ_N 和 g_N.

附　　录

演示实验与教学知识点的对应表

所属模块	演示实验名称	知识点
力学	角速度矢量合成	质点的角速度
	旋珠式科里奥利力	非惯性系和惯性力
	质心运动	质心运动定理
	转动定律	定轴转动定律
	旋飞球角动量守恒	角动量守恒定律
	直升机角动量守恒	
	定向陀螺	
	两用陀螺进动	刚体进动
	碰撞打靶	动量守恒、机械能守恒
	转盘式科里奥利力	非惯性系和科里奥利力
	傅科摆	
	锥体上滚	重心
	麦克斯韦滚摆	机械能守恒
	茹科夫斯基凳	角动量守恒
	车轮进动	进动
	机翼压差	伯努利方程
	伯努利悬浮球	
	碰撞和守恒定律	角动量守恒和能量守恒
	刚体的转动惯量	转动惯量
热学	麦克斯韦速率分布律	麦克斯韦速率分布律
	斯特林热机	循环过程
	空气黏滞力	黏滞力
	伽尔顿板	统计规律
	空气密度的测量	理想气体压强、密度等
	空气比热容的测量	理想气体的准静态过程
	良导体热导率的动态测量	物体的热导率
电磁学	韦氏起电机	感应起电、电荷等
	静电跳球	库仑定律
	电风吹烛	导体的静电平衡

续表

所属模块	演示实验名称	知识点
电磁学	电介质对电容的影响	电容和电容器
	圆电流轴线上的磁场模型	磁感强度
	动态磁滞回线	物质的磁性、铁磁质
	超导磁悬浮列车	法拉第电磁感应定律
	电磁感应现象	
	涡流管	
	涡流热效应	涡旋电场
	互感现象	自感和互感
	电磁炮	电场和磁场的能量
	磁铁对通电直导线作用力	安培力
	范氏起电机	静电、尖端放电
	手触电池	电池、电流
	辉光球	辉光放电
	避雷针	静电、尖端放电
	电风轮	
	静电滚筒	
	静电除尘	
	雅各布天梯	
	法拉第笼	静电屏蔽
	电磁阻尼摆	楞次定律
	脚踏发电机	能量转换
	能量转换轮	能量转换
	示波器	电场力、洛伦兹力
	变电场测介电常量	电解质
	螺线管磁场的测量	螺线管的磁场
	电子自旋共振及地磁场测量	电子自旋、地磁场
	电子荷质比的测量	磁聚焦、电子荷质比
	霍尔效应	霍尔效应、洛伦兹力
	动态测量磁滞回线	铁磁质、磁滞回线
	交流谐振电路特性研究	电感、电容、阻尼振荡
	RC 电路实验	正弦交流电、RC 电路
	整流电路	整流电路
振动与波	简谐振动与圆周运动的等效性	简谐振动的旋转矢量法
	电信号拍现象声光演示	简谐运动的合成
	音叉	

所属模块	演示实验名称	知识点
振动与波	激光李萨如图形	简谐运动的合成
	共振小娃	受迫振动和共振
	鱼洗	
	弦驻波	波的叠加、驻波
	环形驻波	
	超声雾化	超声波
	单摆测量重力加速度	单摆
	凯特摆测量重力加速度	复摆
	受迫振动	受迫振动
	超声波声速的测量	超声波、李萨如图形
光学	激光干涉	双缝干涉
	牛顿环	薄膜的等厚干涉
	绿激光衍射	光的衍射
	一维光栅	光栅衍射
	反射起偏与检偏	光的偏振性
	手持式大偏振片	马吕斯定律
	双折射	光的双折射现象
	正负晶体模型	
	几何光学综合演示	折射、反射、透镜成像
	窥视无穷	平面镜成像
	悬空的奥妙	
	同自己握手	凹面镜成像
	导光水柱	全反射、光导纤维
	光岛	凸透镜、凹透镜、棱镜
	菲涅耳透镜	光的折射、菲涅耳透镜
	光栅光谱	光栅衍射
	光栅立体画	
	偏振光现象	偏振光、马吕斯定律
	3D 电影	偏振光
	旋光色散	偏振光、旋光色散
	旋转字幕球	视觉暂留
	神奇的普氏摆	视觉延迟、普氏摆
	倒转的车轮	视觉暂留、频闪
	干涉法测微小量	光的干涉、劈尖干涉
	牛顿环法测量曲率半径	光的干涉、牛顿环

续表

所属模块	演示实验名称	知识点
光学	迈克耳孙干涉仪	光的干涉、迈克耳孙干涉仪
	超声光栅	超声光栅
	光的偏振现象	光的偏振
	分光计	分光计、光的折射
	组合透镜参数测量与自组显微镜	透镜成像、显微镜
	光学设计实验	薄透镜成像、焦距
近代物理	黑体模型	黑体辐射
	黑体辐射与吸收	
	GPS 全球定位系统	位置、位移、速度
	光强调制法测量光速	光速
	光电效应	光电效应
	氢氘光谱拍摄	玻尔氢原子理论
	钠原子光谱拍摄	里德伯常量
	γ 能谱测量	原子结构
	弗兰克-赫兹实验	
	塞曼效应	塞曼效应、原子能级
	透射电子显微镜	透射电子显微镜
	扫描隧道显微镜	量子隧道效应
	核磁共振	自旋磁矩